AF498975

GÉOLOGIE

DU SUD-EST DE L'ESPAGNE.

RÉSUMÉ SUCCINCT

D'UNE EXCURSION EN MURCIE

ET SUR LA FRONTIÈRE D'ANDALOUSIE,

ACCOMPAGNÉ

D'UN TABLEAU DES HAUTEURS DU SOL

AU-DESSUS DE LA MER,

PAR

MM. DE VERNEUIL ET COLLOMB.

PARIS,

IMPRIMERIE DE L. MARTINET,

RUE MIGNON, 2.

1857

GÉOLOGIE

DU SUD-EST DE L'ESPAGNE.

RÉSUMÉ SUCCINCT

D'UNE EXCURSION EN MURCIE ET SUR LA FRONTIÈRE D'ANDALOUSIE,

ACCOMPAGNÉ

D'UN TABLEAU DES HAUTEURS DU SOL AU-DESSUS DE LA MER,

PAR

MM. DE VERNEUIL et COLLOMB.

EXTRAIT DU BULLETIN DE LA SOCIÉTÉ GÉOLOGIQUE DE FRANCE
2e série, t. XIII, p. 674, séance du 16 juin 1856.

La bienveillance avec laquelle la Société géologique a accueilli jusqu'ici diverses communications relatives à nos précédents voyages en Espagne, nous encourage à lui rendre compte de l'excursion que nous y avons faite au printemps de 1855.

Notre but était de continuer l'étude géologique de la partie S.-E. de l'Espagne, de reprendre notre tâche au royaume de Valence, où nous avions déjà passé deux printemps, et de pousser nos observations à travers le royaume de Murcie. Les frontières orientales de l'Andalousie entraient aussi dans notre cadre. L'intéressant Mémoire, accompagné d'une carte géologique (1) publié par un de nos amis, M. Ramon Pellico, ne comprenait avec détail que la partie méridionale du royaume de Murcie, celle qui avoisine la côte, et dont la richesse métallifère avait dû appeler d'abord l'attention des mineurs.

(1) *Revista minera*, vol. III, p. 7.

Pour compléter son ouvrage, nous résolûmes de visiter surtout la région centrale et la frontière septentrionale du côté de la Manche, qu'il n'avait pas étudiées. Les montagnes désertes où naissent les rivières Segura et Guadalquivir, qu'aucun géologue n'avait encore visitées, avaient pour nous le charme de l'inconnu, et devaient être principalement l'objet de nos investigations. Un accident ne nous a pas permis d'en terminer l'examen; mais nous ne tarderons pas à le reprendre, et dans un prochain voyage, parcourant de nouveau ces montagnes, qui, après les Pyrénées, sont les plus hautes que forment les terrains secondaires en Espagne, nous les suivrons à travers les provinces de Jaen et de Ronda, jusqu'au détroit de Gibraltar.

Partis de Paris le 14 avril 1855, nous prîmes, pour gagner rapidement Madrid, la route de Bayonne et de Burgos La rupture d'un essieu nous ayant retenus à la Puebla de Arganzon, entre Vitoria et l'Èbre, nous eûmes le temps d'y étudier les poudingues placés à la limite du terrain nummulitique et des dépôts miocènes lacustres de Miranda. Ces poudingues identiques avec ceux qu'on nomme, dans les Pyrénées, *poudingues de Pallasson*, sont en couches inclinées et concordantes, en apparence, avec les marnes et les calcaires sous-jacents. Ils sont composés généralement de cailloux provenant des calcaires crétacés ; cependant, vers la partie supérieure, près du télégraphe, on y trouve des fragments de calcaires remplis de petites Nummulites, qui démontrent qu'à l'époque ou ces poudingues se déposaient, les calcaires nummulitiques avaient déjà été élevés au-dessus du niveau de la mer, et formaient des rivages dont les roches étaient assez dures pour être usées, roulées et arrondies. La plupart des géologues considèrent le poudingue de Pallassou comme le dernier terme du groupe nummulitique, et comme ayant subi les mêmes redressements que les couches sur lesquelles il repose. Il nous paraît important de constater, toutefois, qu'il y a eu, entre la formation de ce poudingue et les calcaires nummulitiques, des oscillations du sol assez considérables, pour mettre à sec une partie de ces derniers, et pour les dégrader de manière à fournir les éléments de ce puissant poudingue. On ne peut donc affirmer qu'il y ait continuité parfaite entre les dépôts nummulitiques et les poudingues qui leur sont supérieurs, quoique en général ils soient tous deux également redressés.

Le même retard qui nous a permis d'examiner les environs de la Puebla de Arganzon, nous a fait parcourir de jour la route de Burgos au Duero, et nous avons pu reconnaître que le terrain miocène lacustre, qui constitue les environs de cette ville, ne tarde pas à disparaître au sud sous un manteau diluvien qui le recouvre jusqu'à Lerma.

Au delà de cette ville, la route traverse une bande de calcaire crétacé, en couches légèrement inclinées, qui semble être le prolongement presque effacé des montagnes de Lara et de Covarrabia que l'on distingue à l'Est. Un peu avant Bahamon, la craie est recouverte par des marnes et des calcaires d'eau douce que l'on suit jusque près de Onrubia, au sud du Duero.

Le col de Somo-Sierra, où la route traverse la chaîne du Guadarrama, a été mesuré par nous en allant et en revenant, et son altitude paraît devoir être fixée entre 1436 et 1450 mètres.

Entre Cabanillas et El Molar, on rencontre un îlot granitique flanqué de chaque côté d'une bande de calcaire crétacé, comme le montre très bien la carte géologique de notre excellent ami M. C. de Prado (1). Le granite forme un axe anticlinal et semble avoir relevé la craie.

Coupe prise dans la Sierra de Guadarrama, au sud de Cabanillas.

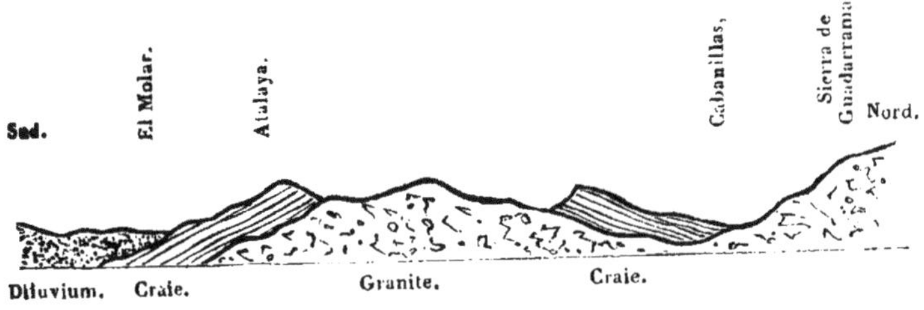

Depuis cette bande crétacée jusqu'à Madrid, le sol est recouvert d'une argile rouge diluvienne mêlée avec beaucoup de cailloux roulés.

De Madrid à Chinchilla. — De Madrid, la voie la plus courte pour arriver promptement dans les montagnes de Murcie était de prendre le chemin de fer jusqu'à Albacete, lieu du rendez-vous que nous avions fixé d'avance à nos hommes accompagnés de nos mules.

Jusqu'à la station d'Aranjuez, la plaine coupée par le chemin de fer est exclusivement composée des dépôts marneux et calcaires du terrain tertiaire d'eau douce qui occupe une si grande surface en Espagne. A partir de Madrid, ce terrain cesse d'être recouvert par le diluvium, dont les limites se dirigent vers le N.-E. pour border le pied de la chaîne du Guadarrama et lui former une ceinture de 20 à 25 kilomètres de largeur.

La ligne du chemin de fer suit d'abord une légère dépression creusée par le Manzanarès, et arrive à Aranjuez après avoir coupé

(1) *Mapa geologico de la provincia de Madrid* (1853).

le Rio-Tajuna et le Tage. Sur une longueur d'environ 45 kilomètres, la pente est de 105 mètres, d'après le nivellement qui nous a été communiqué par don José de Aldama. La station d'Aranjuez se trouve, suivant nos mesures, à 486 mètres au-dessus de la mer.

Pendant ce trajet, le 25 avril, nous apercevions au nord la chaîne granitique du Guadarrama, que nous venions de quitter, encore toute blanche de neige, tandis que la vallée du Tage à Aranjuez avait déjà revêtu sa brillante parure du printemps.

Après Aranjuez, notre première station fut Alcazar de San-Juan. Pour y arriver, le chemin de fer monte insensiblement jusqu'à 639 mètres, et la ville est située non loin des limites occidentales du grand plateau tertiaire de la Manche. Ce plateau est la continuation de celui de la Nouvelle-Castille; il conserve à peu près la même altitude vers sa partie nord, puis se relève du côté de la Sierra d'Alcaraz, pour arriver insensiblement à une altitude de 900 à 1000 mètres (Villahermosa 948 mètres, et Villanueva de la Fuente 996). Alcazar est bâti sur un îlot de grès rouge, quartzeux, sans mica, en couches ou en bancs à peu près horizontaux, que nous croyons devoir rapporter au trias. Cet îlot, qui n'a que quelques kilomètres de circonférence, ne forme qu'une légère saillie au milieu de cette immense plaine; les seules montagnes qu'on aperçoive sont dans la direction de Puerto-Lapiche, vers l'O. 30 degrés S. Elles forment l'extrémité de la Sierra de Tolède et appartiennent au terrain silurien. Quelques îlots du même terrain surgissent près de Villacanas et de Lillo, entre Tembleque et Alcazar, et ne sont que les extrémités de cette même chaîne qu'ont isolées, en se déposant, les sédiments lacustres de l'époque miocène.

D'Alcazar de San-Juan, le chemin de fer passe successivement à Soquellanos, Villarobledo, la Roda, et arrive enfin à Albacete, en suivant la direction du S.-E., sans quitter un instant le plateau uniforme de la Manche, qu'il parcourt en entier dans sa plus grande longueur. La distance de Madrid à Albacete est de 276 kilomètres, et la différence de niveau est peu considérable, si l'on admet avec nous que l'Observatoire de Madrid est à 650 mètres et Albacete à 680.

Le pays est d'une grande uniformité dans ce long trajet; à peine remarque-t-on quelques basses collines qui disparaissent elles-mêmes dans la partie orientale; les eaux, incertaines dans leur écoulement, se rassemblent dans des étangs que dessèche bientôt le soleil de l'été, ou forment quelques ruisseaux dont le lit s'aperçoit à peine à la surface du pays; le Tage seul au nord et la Guadiana au sud donnent lieu chacun à une échancrure du sol un peu plus profonde. Ce grand dépôt tertiaire d'eau douce qui, selon toute probabilité, correspond à l'époque miocène, occupe, comme on voit, au centre de l'Espagne une position assez analogue, relativement aux frontières du pays, à celle du plateau central granitique de la France. Son altitude moyenne est plus grande que celle de la Nouvelle-Castille. Exposé à tous les vents, il a un climat relativement âpre et sec ; on n'y voit point les *orangers*, les *citronniers*, les *palmiers*, les *cactus*, les *aloës*, si abondants aux latitudes correspondantes sur les bords de la mer, à Valence et à Alicante : cependant la terre végétale, d'une grande épaisseur, ferait de ces plaines le pays le plus fertile de la terre, si le manque d'eau ne venait, dans certaines années, en paralyser la force productive. Les céréales, l'olivier et la vigne y sont les principales cultures. Les prairies naturelles ou artificielles y sont presque inconnues.

Si l'on fait abstraction du diluvium quaternaire, et si l'on réunit les deux plateaux, celui de la Nouvelle-Castille et celui de la Manche, qui n'en est que la continuation, la composition géologique étant la même, on reconnaît que ce vaste dépôt lacustre est entouré de terrains plus anciens, qui lui forment une ceinture continue de montagnes. Depuis la province de Guadalaxara jusqu'à Chinchilla, il est limité au N.-E. et au S.-E. par une longue bande de collines et de montagnes crétacées, de 340 kilomètres de longueur environ, qui n'est interrompue que sur un point vers Utiel et Requena, où se trouve une coupure dont le Rio-Magro a profité pour gagner la mer. Au N.-O., ce plateau est limité par les montagnes granitiques de la chaîne du Guadarrama. Les montagnes de Tolède et une portion de la Sierra-Morena, région granitique et paléozoïque, lui servent de limite du côté de l'O. et du S.-O., tandis qu'au S. il vient se terminer aux montagnes d'Alcaraz et à celles plus anciennes et plus basses que traverse la Guadiana. Il se passe vers le sud, du côté où cette grande plaine se relève insensiblement, un phénomène assez remarquable : c'est que, sans que l'on aperçoive de changements notables dans les caractères physiques, le terrain tertiaire fait place à des dépôts de l'époque du trias qui sont en couches parfaitement horizontales.

A Albacete, nous sommes placés vers la limite sud des dépôts lacustres; les sables, les cailloux, les marnes, les calcaires, identiques avec ceux du centre du bassin, y existent encore dans toute leur intégrité; mais un peu plus au sud, comme nous le verrons tout à l'heure, ces sédiments d'eau douce commencent à disparaître, et sont remplacés par des dépôts marins également miocènes. Albacete et Chinchilla se trouvent à l'entrée d'un détroit par lequel les formations, soit lacustres, soit marines, communiquent sans interruption avec la mer actuelle dans la direction du S.-E., en passant par Murcie, et venant aboutir sur le littoral, entre Carthagène et Alicante; là les terrains tertiaires perdent leur caractère de plateau, le sol devient accidenté, montueux, et paraît avoir été soumis à des dislocations postérieures. Le Rio-Mundo et le Rio-Segura, après être sortis des hautes chaînes, où ils prennent leur source, circulent dans ce détroit, en le fertilisant et en quittant rarement le terrain tertiaire. Le Rio-Segura vient parfois battre, soit à droite, soit à gauche, des falaises nummulitiques ou triasiques, comme dans les environs de Zieza ; puis il reprend son cours à travers le terrain tertiaire moyen, en passant par Murcie et Orihuela, pour se prolonger jusqu'à la mer.

Nos observations barométriques au sommet du château de Chinchilla nous ont donné une hauteur absolue de 974 mètres, qui est certainement trop grande, la hauteur au-dessus d'Albacete n'étant que de 260 mètres. La montagne sur laquelle est bâti cet antique château est formée de sable blanc et de marnes à la base, surmontés par un calcaire horizontal, blanc, grisâtre, dans lequel sont taillés les larges et profonds fossés qui entourent cette citadelle. Dans les débris de ce calcaire, nous avons trouvé un certain nombre de fossiles tertiaires marins, inconnus sur tout le grand plateau que nous venions de traverser. Ce sont probablement les témoins, les plus avancés vers le nord, de l'ancienne mer miocène, qui couvrait une partie du sud de l'Espagne. Ces dépôts marins ont été portés à une hauteur beaucoup plus grande que ceux d'eau douce. Il eût été intéressant de connaître les relations stratigraphiques de ces formations marines et lacustres. L'existence des grands lacs intérieurs de l'Espagne est-elle postérieure aux dépôts marins de la vallée du Guadalquivir, à ceux de Chinchilla, et à d'autres que nous allons rencontrer encore sur notre route? Pour résoudre cette question, il eût fallu voir le contact bien accusé des deux sortes de dépôts, et nous ne l'avons rencontré nulle part. D'après la disposition des lieux, nous pensons, avec notre ami M. Casiano de Prado, que les sédiments marins sont antérieurs à ceux d'eau douce, et que, dans certains cas, ils formaient le fond aussi bien que les rivages des lacs intérieurs. Mais, d'un autre côté, on peut aussi se demander si toutes les couches lacustres sont du même âge.

De Chinchilla à Murcie. — De Chinchilla, en nous dirigeant vers l'est sur la route d'Almansa, nous quittons le détroit tertiaire dont nous venons de parler, et nous entrons dans une région plus élevée, plus montagneuse et d'une composition géologique différente. Quelques Ammonites et d'autres fossiles que nous trouvons sur le bord de la route, près de la Venta del Carcel et de Villar, tels que *Homomya hortulana*, Ag., *Ceromya inflata*, id., *C. excentrica*, id., *Cardium dissimile*, Sow., nous indiquent la présence d'un lambeau jurassique de l'étage supérieur ou de Kimmeridge, assez rare en Espagne.

Au Monpichel, nous trouvons, à la base, des sables blancs et jaunes mélangés de marnes, avec quelques fossiles probablement crétacés, et une mine de charbon sans importance. La moitié supérieure de la montagne est composée de calcaires blanchâtres, et le sommet atteint 1113 mètres d'altitude.

Du sommet du Monpichel, nous apercevions au sud une contrée aride, sur laquelle les cartes indiquent un certain nombre de lacs salés. Il était intéressant d'en visiter un. Celui vers lequel nous nous sommes dirigés est situé près de la Higuera, non loin de Petrola, à 873 mètres d'altitude ; il est connu dans le pays sous le nom de *Lac de sel amer*, et donne en effet, par la concentration de ses eaux, du sulfate de magnésie cristallisé. Il a, suivant le dire d'un employé, 8000 pas de circonférence, est très peu profond et se trouve à sec pendant une partie de l'été. Il n'est pas, d'ailleurs, l'objet d'une exploitation active ; depuis plus de trente ans le sulfate de magnésie, en cristaux très blancs, produit d'un seul été, est entassé dans un magasin, et reste sans consommation ni écoulement au dehors. Près de ce lac, à la Venta de la Higuera, apparaît le calcaire crétacé avec des *Requienia*, des *Nerinea* et l'*Ostrea aquila ;* mais le lac lui-même est entouré de mollasse tertiaire.

En continuant vers l'est, nous arrivons à Montealegre. La ville et son ancien château sont bâtis sur une colline triasique dont le pied est formé de grès bigarré rouge et vert, et le sommet de calcaire dolomitique bleuâtre semblable à celui que nous avons si souvent rencontré dans nos courses précédentes, et que nous rapportons au muschelkalk. Le gypse, si fréquent en Espagne dans le trias, est ici placé entre le grès bigarré et le muschelkak, le tout plongeant légèrement vers l'est.

Nous retrouvons le trias au pied du Mugron d'Almansa ; la route d'Albacete à Valence le coupe près de la Venta de la Vega ; on y voit des grès et des argiles rouges ou bigarrés, avec des calcaires bleus subordonnés, assez fortement relevés et percés par une roche éruptive verte, analogue à la diorite.

La Venta de la Vega n'est qu'à 790 mètres d'altitude ; cependant, le 30 avril, à six heures du matin, par un ciel très pur, les environs de la Venta étaient couverts de gelée blanche, preuve d'un rayonnement nocturne très fort dans cette contrée.

Le Mugron d'Almansa et la Sierra de Meca forment, à la limite des provinces d'Albacete et de Valence, un promontoire montagneux assez remarquable, allongé dans la direction de l'O.-S.-O. L'escarpement très abrupte de ces montagnes, vers l'E. un peu S., permet difficilement d'en faire l'ascension de ce côté, et nous avons dû les aborder du côté occidental. Elles sont la continuation l'une de l'autre, et portent deux noms, parce qu'elles sont séparées par une dépression assez large, de 300 mètres environ de profondeur, inaccessible du côté du sud. Nous n'avons pas tardé à reconnaître qu'en approchant de leur sommet, à environ 250 mètres plus bas, les bancs presque horizontaux sont formés d'une roche blanche, légère, criblée de petits trous, pétrie de fragments de fossiles, d'une consistance et d'une structure analogue à celle des faluns durcis. C'est au-dessous de cette roche et dans le calcaire tendre, qui en forme la base, que nous trouvons le *Clypeaster altus*, l'*Ostrea navicularis*, des Térébratules, des *Pecten*, des Vénus, Balanes, etc.

Ces montagnes forment le prolongement, vers l'est, du terrain miocène marin que nous avions découvert quelques jours auparavant à Chinchilla ; elles se trouvent presque sur le même parallèle et marquent vers le nord la limite extrême des dépôts marins de cette époque. Ils ont été portés à une hauteur assez considérable sans subir de dislocations profondes, puisque leurs assises sont peu inclinées par rapport à l'horizon. Nos mesures barométriques nous donnent pour le Mugron d'Almansa 1217 mètres, et pour la Sierra de Meca 1163, c'est-à-dire environ 500 mètres au-dessus de la plaine d'Almansa.

Du sommet du Mugron, la vue plonge au loin vers le S. et le S.-O. sur la région de basses collines où se trouve le lac de sel amer; elle ne s'arrête à l'horizon que vers les montagnes de Villena, au S.-E., puis à la Sierra del Carche au S. et aux montagnes de Moratalla au S.-O. Vers le nord, du côté de Cofrentes, la vue est bornée par une mer de montagnes dépouillées, en grande partie crétacées et triasiques, telles que le mont Caballon, la Muela de Vicorp, la Sierra de Caroche et les crêtes qui s'étendent de Teresa vers le Puerto d'Almansa.

Au pied de la Sierra de Meca, du côté oriental, est situé l'hermitage de San-Benito. En descendant du sommet par un sentier de chèvres, taillé en escalier sur le flanc abrupte de l'escarpement, nous avons reconnu, au-dessous des calcaires faluniens, des masses considérables de grès et de poudingues à gros éléments, mais sans fossiles. Ceux-ci ne tardent pas à être couverts par les détritus et les éboulements à talus rectilignes qui flanquent le pied de la montagne.

La Sierra de Meca, vue à grande distance, du côté S.

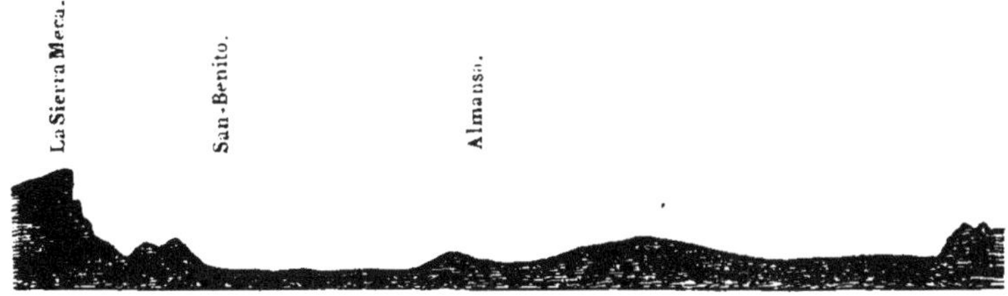

De San-Benito à Almansa, le terrain était autrefois occupé par un lac aujourd'hui complétement desséché et remplacé par une plaine d'une parfaite horizontalité et cultivée en céréales. En 1707, cette plaine a été le théâtre d'une grande bataille gagnée par le maréchal de Berwick, et qui assura le trône d'Espagne au petit-fils de Louis XIV. Une petite pyramide consacre le souvenir de ce fait historique.

Almansa est bâtie sur un îlot de grès rouge triasique, et son vieux château sur un piton escarpé de calcaire dolomitique. A la station du chemin de fer en construction, notre moyenne barométrique nous donne 710 mètres.

Dans la direction de Yecla, à quelques kilomètres d'Almansa, le terrain tertiaire est interrompu par une chaîne rocheuse crétacée de peu d'élévation, d'un aspect sauvage et sans culture. Les couches sont très inclinées, et nous y avons trouvé de grands *Requienia*, voisins du *R. lævigata;* un *Radiolites*, voisin du *R. neocomiensis;* la *Trigonia caudata*, Agass.; le *Pecten quinquecostatus ;* une *Ostrea*, etc. En sortant de ce désert, on entre dans une grande plaine tertiaire qui s'étend vers l'ouest, dans la direction de Villena, et que bornent au sud plusieurs sierras dont l'une s'appelle Sierra del Cuchillo. Un défilé assez large conduit de la grande plaine vers Yecla. L'absence d'eau, dans ce pays, rend la culture très pauvre, et ce n'est qu'en approchant de la ville que l'olivier et la vigne deviennent abondants.

Yecla est dominée par un vieux château bâti sur un rocher de calcaire bréchoïde très dur, sans fossiles. La moyenne de l'altitude du château est de 755 mètres, et celle de la ville de 596. De Yecla à Jumilla, après avoir traversé des collines gypseuses triasiques, nous avons vu deux mines de charbon peu importantes, toutes deux dans le calcaire tertiaire marin. Dans l'une, le charbon est accompagné de beaucoup de pyrites ferrugineuses; près de l'autre, à Fuente l'Espino del Pino, nous avons récolté quelques

Requienia de la formation crétacée, ainsi qu'à Jumilla, sur le rocher du vieux château, dans un calcaire dur et caverneux. Le gypse et le sel du trias reparaissent un peu à l'O. de Jumilla.

Cette dernière ville est assise au bord d'une grande plaine fertile, dirigée à peu près E.-O. et à 491 mètres au-dessus de la mer. En face, au sud-est s'élève la montagne de Santa-Ana, avec son pittoresque ermitage. Cette sierra forme un massif allongé, entouré de plaines; elle change de nom dans son prolongement vers le sud, et, sous la dénomination de Sierra-Larga, s'avance du côté de Zieza. Elle est composée d'un calcaire dur magnésien, où nous avons trouvé quelques fossiles de la craie mal conservés. Au sommet de la montagne, à 945 mètres, il y a une petite source dont la température est à 12°.

A l'E. de Jumilla, et en laissant à notre gauche la Sierra del Buey, nous arrivons à la saline de la Rosa, qui a une assez grande importance dans le pays. Le sel gemme, en dépôt puissant, y est enclavé dans des gypses rouges et blancs; la stratification est bien accusée, et les couches sont très relevées. A leur base, nous avons trouvé des bancs de calcaire marbre, de couleur noire, avec des veines spathiques blanches, sans fossiles. Dans ce même gypse, une roche éruptive dioritique s'est fait jour, et, à son contact, des bancs de dolomie rouge sont remplis de cristaux exaèdres de fer oligiste. Tout ce système gypseux et salifère plonge au N. 25° E. Il est surmonté en complète discordance par une masse de calcaires jaunes crétacés, plongeant au S. Nous y avons trouvé la *Requienia carinata*, la *Plicatula placunea*, la *Terebratula lata*, l'*Orbitolites conoidea* et des *Montlivaultia*, très voisins d'une espèce du terrain jurassique.

Coupe près de la saline de la Rosa.

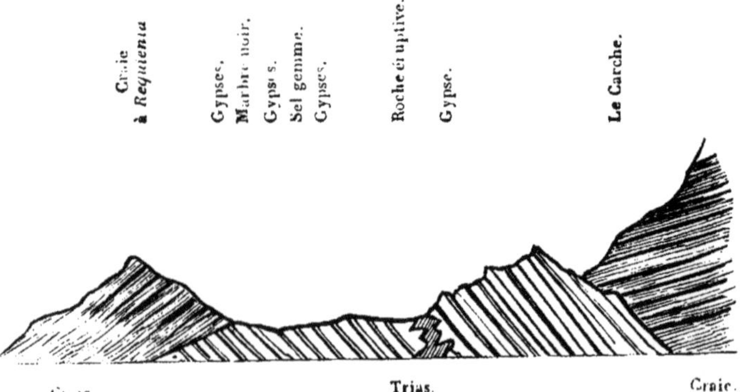

Près de la saline s'élève une haute montagne, la Sierra del Carche, entièrement composée de roches crétacées. Cette montagne offre, depuis sa base jusque près du sommet, une alternance trois fois répétée de masses calcaires considérables avec des systèmes moins épais de sables blancs et de grès. Les dernières assises du sommet sont composées d'un calcaire dolomitique très dur, sans fossiles, analogue à celui qui constitue la Sierra de Santa-Ana, et qui couronne le sommet de la Mariola au-dessus d'Alcoy. Sous la domination romaine, ce point élevé a été l'objet d'une exploitation industrielle ; on y trouve de grandes excavations en tranchées profondes, dont on n'aperçoit pas le fond, et l'on ne se rend pas compte du but de ces travaux, la roche étant stérile, sauf quelques filons d'albâtre jaune, qui peut-être auront tenté les anciens explorateurs. Les fossiles que nous avons recueillis dans les sables, les grès et les calcaires qui alternent du bas en haut de la montagne, sont les mêmes que ceux que nous avons déjà trouvés, soit au sud d'Almansa, sur le chemin de Yecla, soit à Fuente-Lespino, près de Jumilla, et ils paraissent devoir être rapportés au terrain néocomien supérieur, ou au terrain aptien. Ainsi, les espèces les plus communes sont des grands *Requienia*, une Radiolite voisine du *R. polyconilites*, une grande *Ostrea* voisine de l'*O. aquila*, la *Janira atava* et des *Orbitolites*.

La Sierra del Carche est un des points les plus élevés de cette contrée : son altitude moyenne est de 1380 mètres, tandis que celle de la saline de la Rosa, située au pied même de la montagne, n'est que de 604 ; cette différence de niveau de 776 mètres peut donner l'idée de l'épaisseur de la craie, les couches du Carche n'étant généralement pas fort inclinées. De son sommet nous reconnûmes que le massif dont il fait partie s'unit, sans discontinuité, avec la chaîne de Salinas que nous avions visitée deux ans auparavant, et qui est composée de craie recouverte par la formation nummulitique. De ce même point nous vîmes aussi. dans la grande plaine qui nous séparait des montagnes de Crevillente et del Rollo, s'élever le dôme surbaissé du Pinoso, avec ses gypses et ses immenses amas de sel. Pendant que notre œil cherchait vers l'E. à reconnaître ces montagnes où, dans un précédent voyage, nous avions trouvé la formation jurassique, il atteignait à l'O. les collines de Hellin, ainsi que les montagnes de Moratalla, où règne cette même formation ; et alors nous nous demandions comment on pouvait expliquer son absence dans tout le district intermédiaire de Jumilla, où les marnes du trias sont si souvent en contact avec la craie.

En quittant le Carche, les grès et les calcaires de la craie disparaissent complétement, et on n'en voit plus de traces dans la direction de Murcie et de Carthagène. A quelques lieues de la saline, sur la route de Fortuna, on pénètre dans le terrain miocène marin avec des *Pecten* et de grandes *Ostrea*. Cependant il y a encore une petite chaîne de montagnes qu'il faut traverser avant de pénétrer définitivement dans la plaine : c'est la Sierra de la Pila, dont les pics les plus élevés sont, l'un à 1238, et l'autre à 1269 mètres au-dessus de la mer. Les dolomies et les brèches calcaires dont cette sierra est formée sont très pauvres en fossiles ; mais une Ammonite trouvée dans un des torrents qui en descendent, près de Fortuna, nous a donné la certitude qu'il y existe des calcaires jurassiques (oxfordiens), et que sa composition n'est pas très différente de celle de la Sierra de Crevillente, dont elle est le prolongement. Immédiatement à sa base sud, on trouve les molasses miocènes à *Ostrea crassissima* qui plongent vers la Pila, comme pour s'enfoncer sous sa masse, mais qui très probablement viennent butter contre elle. Sur la pente nord de cette montagne, à 300 mètres environ au-dessous du sommet, on a établi une glacière artificielle, où l'on conserve la neige pour les besoins de l'été.

A partir du pied sud de la Pila, nous entrons dans une contrée toute différente de celle que nous venons de traverser ; le niveau moyen du sol subit un abaissement considérable. Au nord de cette petite chaîne les plaines se maintiennent à une altitude de 500 mètres environ, tandis qu'au sud, à Fortuna, elles descendent à 185. Le climat change subitement, et devient presque africain. A Fortuna, le 5 mai, les orges sont en pleine maturité et les paysans occupés à les couper. On y voit déjà quelques beaux palmiers-dattiers et quelques champs de cactus-cochenille. Les maisons rappellent aussi une contrée chaude ; elles n'ont pas de toit et sont construites en terrasses, à la manière arabe.

Cette plaine, dont le fond est tertiaire et d'alluvion, entoure des montagnes groupées par petites chaînes, qui simulent des îles, et dont la composition géologique est différente de celle des montagnes que nous avons vues jusqu'ici. Ces chaînes détachées sont le commencement d'un grand système de roches métamorphiques qui borde tout le littoral de l'Espagne, depuis la province de Murcie jusqu'à Malaga et Gibraltar. On les appelle Sierras de Callosa et d'Orihuela. Elles sont composées de schistes argileux et talqueux, et de calcaires bleus pénétrés de roches dioritiques vertes, analogues à celles que nous avons souvent trouvées dans le trias.

A quelques kilomètres au sud de Fortuna, au milieu de la plaine, nous fûmes frappés par l'aspect d'un monticule dont la teinte noire tranche avec les teintes blanches et rouges des gypses et des marnes tertiaires qui l'environnent, et nous reconnûmes que cette proéminence, qui ne s'élève que de 12 à 15 mètres au-dessus du niveau du sol, était un ancien cratère volcanique, circulaire, de 40 à 50 mètres de diamètre. Ce petit point éruptif, isolé, s'appelle *el Cabezo negro*. Le bourrelet qui forme le pourtour du cratère, ainsi que son intérieur, est composé d'une roche noire spongieuse, analogue aux scories volcaniques modernes. Cette roche, que nous avons soumise à notre ami M. Delesse, lui a paru assez curieuse; elle est, selon lui, formée par une pâte brune, dans laquelle sont disséminées des lamelles très nombreuses de mica brun tombac, en sorte qu'elle ressemble un peu, sous ce rapport, à la minette des Vosges; mais elle en diffère cependant par les cavités et les cellules qui la traversent, et qui la rapprochent des roches volcaniques.

A Orihuela, au premier étage de la posada de la Pisana, nous ne sommes plus qu'à 28 mètres au-dessus du niveau de la mer. La ville, divisée en deux par la Segura, est assise au bord d'une des plus riches plaines du monde. Les eaux de la rivière, distribuées sur les terres avec beaucoup d'art, leur donnent une extrême fertilité. L'hiver est pour ainsi dire inconnu dans ce pays; une récolte succède à une autre pendant presque toute l'année. Le palmier-dattier y est cultivé avec succès; le cactus-figuier, le grenadier, l'oranger et le citronnier y sont très abondants, ainsi que la vigne, le mûrier et l'olivier.

D'Orihuela à Murcie on remonte le cours de la Segura sur sa rive gauche, en suivant le pied d'une chaîne métamorphique qui limite cette riche plaine du côté du nord et dont la cime prend le nom de Pico del Aguila. Au pied d'un pic élevé, composé de roches schisteuses analogues à la grauwacke, nous visitâmes, près de Santomera, une mine de cuivre abandonnée, la *Mine de la confiance;* le minerai y est accompagné de quelques pépites d'or. Cette chaîne se termine brusquement à Monteagudo, près de Murcie, où elle forme un promontoire contourné par la Segura.

A Murcie, un de nos premiers soins fut de monter sur la tour de la cathédrale pour prendre une idée générale de la configuration du pays, et rectifier autant que possible les erreurs résultant de l'extrême imperfection des cartes de la contrée. Dans la direction de l'est un peu nord, s'étend la belle *huerta* que nous avons traversée en venant d'Orihuela. Ses bouquets de palmiers, qu'on aperçoit au loin de distance en distance, lui impriment un cachet tout à fait oriental. Cette plaine est encaissée entre deux chaînes de roches métamorphiques, qui sont: au N. la Sierra del Aguila, et au S. celle de Carrascoy. Complétement dépouillées de verdure, ces montagnes montrent leurs flancs nus et arides, qui font un contraste frappant avec l'abondante végétation de la *huerta*. Au N.-E., l'horizon est limité par la Sierra d'Orihuela et celle de Crevillente près d'Elche ; au N., par la Sierra de la Pila ; au N.-O., par la Sierra de Ricote, et à l'O., par la Sierra d'España.

A Murcie, nous eûmes l'avantage de rencontrer deux ingénieurs des mines distingués, MM. Jose Grande et Benigno Arce, qui eurent la bonté de nous accompagner dans une course à travers la chaîne métamorphique de Carrascoy, au S.-E. de la ville, sur la route de Carthagène. Cette montagne est traversée par de nombreux filons de roches ignées. M. Grande nous fit observer, à cette occasion, qu'en général, dans le royaume de Murcie, les éruptions de diorite sont accompagnées de filons de cuivre, et les éruptions de trachytes de filons de plomb ; selon les mineurs du pays, diorite et cuivre, trachyte et plomb, vont toujours ensemble. Le point culminant du col où passe la route de Carthagène, le Puerto de la Cadena, est à la hauteur de 366 mètres. Le Castillo del Puerto, vieille construction mauresque qui domine le col, a 538 mètres, tandis que la moyenne de plusieurs observations faites à Murcie au premier étage de la posada de San-Antonio, ne donne que 53 mètres au-dessus du niveau de la mer.

Au sud du Puerto, les argiles miocènes marines du Campo de Carthagène, légèrement relevées, viennent butter contre les schistes métamorphiques de la Sierra de Carrascoy ; au nord, du côté de la plaine de Murcie, elles sont fortement redressées et tellement modifiées au point de contact des roches anciennes et des diorites, qu'il est quelquefois difficile de tracer une limite exacte entre ces roches, quelque différentes qu'elles soient.

De Murcie à Baza. — A quelques lieues de Murcie, sur la route de Lorca, dans les argiles et les gypses tertiaires, il y a une source salée qui donne lieu à une petite exploitation ; la température de la source est à 19°. Les eaux se réunissent dans des bassins carrés, de 8 à 10 mètres de côté, peu profonds, où elles sont soumises à l'évaporation spontanée, procédé très simple, mis en usage dans toute cette partie de l'Espagne. Plus à l'O., à Alhama, au pied d'un rocher de conglomérat tertiaire, qui s'appuie sur des roches métamorphiques, il y a une source minérale très abondante, dont la température est de 42° ; l'établissement qu'on y a formé attire dans la saison un grand nombre de baigneurs. Ces différentes sources, soit salées, soit thermales et minérales, qui surgissent ainsi à la surface du terrain tertiaire, ont probablement leur origine dans les terrains sous-jacents plus anciens. Alhama, qui touche cependant encore à la plaine, est déjà plus élevé que Murcie et se trouve à 230 mètres.

En partant d'Alhama, nous avions l'intention de faire l'ascension d'une montagne intéressante, la Sierra d'Espuña, que nous avions vue à distance, bien avant d'arriver à Murcie. Nous traversâmes d'abord, à la Rambla del Molino, des conglomérats et des grès jaunes tertiaires, presque horizontaux, avec *Ostrea crassissima*, puis une série de grès rouges et gris, fort durs, et de calcaires bleus métamorphiques avec gypse, appartenant probablement au trias. En continuant l'ascension du côté du S., des calcaires avec des Nummulites commencent à se montrer, puis sont remplacés par des bancs de calcaires jaunes, compactes, dans lesquels nous recueillons une grande Ammonite jurassique (*A. plicatilis*) ; ceux-ci disparaissent à leur tour, et les calcaires pétris de Nummulites reviennent au jour, pour se continuer jusqu'au sommet de la montagne. Le Cortijo de la Nieve, ou glacière artificielle située au pied du pic du côté nord, est sur le calcaire nummulitique.

Du sommet de l'Espuña, on voit distinctement la Méditerranée dans la direction du S. et du S.-E., par-dessus la chaîne côtière d'Almazarron et de Carthagène. Du côté de l'E., la vue s'étend vers les montagnes d'Alicante, la Sierra de Crevillente et celle de Font-Calente. En suivant l'horizon, après avoir reconnu les sommets de la Pila et du Carche, nous apercevons, vers le N.-E., la Sierra de Meca près d'Almansa, à 120 kilomètres en ligne droite ; au N., le Morchon de Zieza ; plus à l'O., les montagnes d'Alcaraz et de la Segura ; à l'O. un peu N., la Sagra Sierra, qui surgit au-dessus de tout le massif montagneux environnant, et qui, au 10 mai 1855, est encore couverte de quelques plaques de neige. Enfin à l'O., un peu S., nous découvrons un grand massif, qui offre l'aspect de la chaîne du Mont-Blanc, vue des hauteurs de Lyon : c'est la Sierra Nevada, complétement blanche de neige ; sa distance en ligne droite est d'environ 150 kilomètres ; malgré son éloignement, l'air étant très pur et sa hauteur étant de 3500 à 3600 mètres, on l'aperçoit d'une manière très nette et très distincte. La hauteur de la Sierra d'Espuña nous donne une moyenne de 1581 mètres.

Nous passâmes la nuit au pied de la Sierra dans le Cortijo (1) de Malvariche, à 850 mètres au-dessus de la mer. Les calcaires sableux peu consistants des environs du Cortijo sont pétris de Nummulites, grandes et petites (*N. perforata*, *N. granulosa*). Nous y avons trouvé aussi beaucoup d'Oursins en bon état de conservation, circonstance rare dans les fossiles de ce pays (*Echinolampas ellipsoï-*

---

(1) On appelle ainsi des fermes ou maisons isolées de cultivateurs.

dalis, d'Arch., *Schizaster Newboldi*, id.), et enfin la *Pholadomya Puschii*, Goldf.

Après avoir quitté le terrain nummulitique, et avoir traversé de nouveau une ceinture de grès rougeâtre et de calcaire bleu en couches fortement redressées, nous entrons dans une vaste plaine composée de conglomérats, d'argiles, de marnes et de calcaires tertiaires marins, qui nous conduit jusqu'à Lorca. Cependant, à notre gauche au pied de la falaise tertiaire, et dans la dépression qui de Lorca s'étend vers Murcie, affleure une bande étroite de roches schisteuses noires que nous avons étudiées près de la ville. Cette bande est interrompue à Lorca même, pour faire place à un détroit de terrain tertiaire et donner passage à la rivière; puis elle prend un grand développement dans la direction de l'O. et forme la Cuesta de Viotar et la Sierra de las Estancias. Les roches prédominantes sont des conglomérats à fragments de micaschistes et de quarzites, des schistes micacés talqueux ou argileux, satinés, et des calcaires bleus ou noirs, le tout en couches fortement relevées. Ce sont les mêmes terrains qui se prolongent jusqu'à la Sierra Nevada, et que, sur notre carte, nous avons coloriés comme métamorphiques.

Les argiles et les marnes tertiaires de Lorca sont assez bitumineuses, et riches en dépôts de soufre; plusieurs mines sont en pleine exploitation; le soufre y est en couches réglées, intercalées dans les marnes; les bancs plongent de 25° à 30° vers l'O. Le minerai mêlé d'argiles est distillé à l'usine dans de grandes cornues en fonte. C'est dans ces lits avec soufre qu'on trouve de temps en temps des poissons fossiles. Nous avons été assez heureux pour nous en procurer quelques exemplaires. Notre ami M. Cocchi croit y reconnaître, outre l'*Alosa elongata*, Agass., une espèce du genre *Clupea* et une autre du genre *Seriola*. Ces fossiles, les seuls qu'on y ait remarqués, rappellent beaucoup les espèces d'Oran, sur la côte voisine de l'Afrique. Les marnes gypseuses et bitumineuses avec soufre et poissons, sont à quelque distance de Lorca, et bien distinctes des molasses et des grès, qui contiennent le *Clypeaster altus* et la grande *Ostrea crassissima*. Ces derniers dépôts paraissent être inférieurs.

Il y a aussi à Lorca un certain nombre de fabriques de salpêtre. La terre à salpêtre se trouve à la porte même de la ville; pour en extraire le nitrate on la mêle avec de vieux plâtras, on l'expose à l'action de l'air, on la lessive et on concentre le liquide pour le faire cristalliser.

De Lorca, qui est à 346 mètres au-dessus de la mer, nous nous dirigeâmes à l'O., vers la Sierra de la Culebrina, en passant par les deux *pantanos*, le *pantano de abajo* et le *pantano de arriba*, grands travaux d'art, entrepris vers la fin du siècle dernier, pour faire des retenues d'eau, des réservoirs grands comme des petits lacs, et en régler le débit à volonté, au moyen d'un barrage en maçonnerie d'environ 50 mètres de hauteur. Mais les murs du pantano inférieur n'ont pas résisté longtemps à la force de pression exercée par les eaux accumulées dans ce lac ; vers 1792 les digues se rompirent, et il en résulta une inondation désastreuse, qui occasionna la ruine de la partie basse de la ville de Lorca. Quant au pantano supérieur, il est aujourd'hui comblé par le limon qu'ont entrainé les eaux qu'on y rassemblait des hauteurs environnantes. Par suite de cette incurie de l'administration, la grande plaine de Lorca, privée d'arrosement, se transforme en désert.

La montagne la plus élevée de la Sierra de la Culebrina s'appelle le Gigante; elle est composée en entier, ainsi que les environs du pantano supérieur et du Cortijo de Juan de Merlo, où nous passâmes la nuit, d'un calcaire très blanc sans fossiles, formé de l'agglomération d'une infinité de petites oolithes. C'est sans doute cette structure oolithique qui a déterminé M. Ramon Pellico, le premier géologue qui ait visité cette sierra, à la placer dans le terrain jurassique ; nous n'avons pas cru devoir changer cette détermination, que nous regrettons toutefois de n'avoir pu appuyer de preuves paléontologiques. Le sommet du Gigante, suivant nos observations barométriques, est à 1496 mètres.

De la Sierra de la Culebrina nous avons gagné l'Andalousie par Velez-Rubio. Cette ville, située à l'extrémité d'une plaine assez fertile, bien qu'élevée, est à 831 mètres, suivant notre moyenne barométrique, observée à la Posada du duc d'Albe. L'olivier, la vigne, les céréales, y sont les principales cultures. Au S. de Velez-Rubio, la Sierra de las Estancias et celle qui lui fait suite, la Sierra de Oria, courent dans la direction de l'O.-S.-O., et sont formées de schistes argileux et de calcaires bleus métamorphiques. Parallèlement à leur direction et en suivant la rive droite du Rio de Velez, nous avons reconnu une longue bande d'environ 25 à 30 kilomètres de calcaires et de grès nummulitiques, qui commencent à Velez-Rubio et s'appuient contre le pied de la chaîne métamorphique, en se prolongeant vers las Vertientes et Chirivel. Cette bande, large de 4 à 5 kilomètres, quelquefois moins, est peu montueuse et n'offre que des proéminences rocheuses sur quelques-unes desquelles se trouvent de vieux châteaux. Au nord elle s'appuie sur une chaîne élevée, la Sierra Maria et la Sierra de Cullar, qui appartiennent au terrain jurassique.

Coupe de la bande nummulitique de Velez-Rubio.

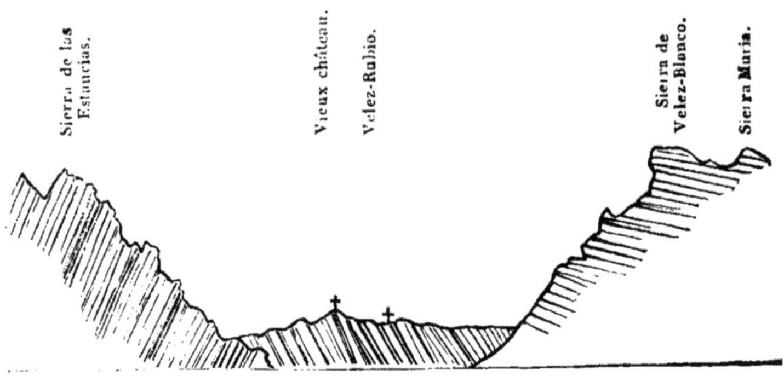

Le terrain nummulitique occupe donc une dépression, orientée de l'E.-N.-E. à l'O.-S-O., bordée au S. par le terrain métamorphique et au N. par des calcaires jurassiques. Les eaux qui circulent dans cette vallée se partagent à son point culminant, près de las Vertientes, sur la route de Grenade, à une hauteur de 1137 mètres; à l'est, elles gagnent la Méditerranée par le Rio de Velez et de Lorca, ou plutôt se perdent et s'évaporent avant d'y arriver; à l'O., elles se rendent à l'Océan par le Rio de Baza, le Guardal et le Guadalquivir. La mer nummulitique qui pénétrait dans ce détroit, communiquait probablement dans la direction de l'E.-N.-E. avec une mer plus considérable, dont les dépôts se reconnaissent aujourd'hui dans la Sierra d'Españà, dans les montagnes des environs de Zieza, et, plus loin, dans la Sierra de Crevillente, les collines des environs d'Alicante et les hautes montagnes, telles que l'Aïtana qui séparent cette ville du cap San-Antonio.

A Velez-Rubio, le 15 mai, par un ciel bleu et pur, la violence du vent d'O. était telle, qu'elle ne nous permit pas de continuer notre voyage. Nous nous contentâmes de visiter le vieux château, et de monter sur le pic le plus oriental de la Sierra de Maria, qu'on appelle le Maïmon, lequel n'est séparé du pic de Montalbiche et du Gigante que par la plaine qui conduit de Velez-Rubio à Velez-Blanco.

Le lendemain, après avoir fait notre provision de Nummulites, nous nous dirigeâmes vers le S.-O., en traversant la Sierra de las Estancias, par un défilé appelé la Boca de Oria, qui est taillé à pic sur une hauteur de 300 à 400 mètres dans les schistes satinés plus ou moins quartzeux ou calcaires. De grandes masses calcaires couronnent ordinairement les sommets; elles sont dolomitiques, tandis que les petits bancs subordonnés aux schistes passent à de vrais calcaires cipolins. Le village d'Oria, situé sur le revers méridional de la Sierra, à deux lieues du point où débouche le défilé, est à 1054 mètres d'altitude; l'*Agave americana* y végète encore cependant là où elle trouve une exposition convenable. Avant d'y descendre, on a une belle vue sur la mer, du côté de Vera, et sur la chaîne de Filabres et le pic de Bacares.

Les schistes et les calcaires métamorphiques se prolongent dans la direction du sud jusqu'à Lucar, mais sur ce point ils sont interrompus par une plaine où se trouvent les bourgs de Seron et de Purchena, situés au pied de la Sierra de Filabres.

A l'ouest de Lucar s'ouvre une grande plaine de 25 kilomètres de largeur, indiquée sur les cartes de l'Andalousie sous le nom de Désert de Jauca. C'est en effet un désert, en ce qu'on n'y trouve ni villages ni habitations. Cette vaste et haute steppe, orientée N.-S., s'étend jusqu'à Benamaurel et Huescar. Elle a pour limite à l'est les Sierras de Maria et d'Oria, entre lesquelles règne une dépression qui, par Velez-Rubio, communique avec Lorca. Une autre dépression, entre les montagnes de Lucar et celles de Bacares, la met en communication avec les plaines basses de Vera et la Méditerranée. A l'O. elle vient s'appuyer contre la Sierra de Baza, le Jabalcol, et, pénétrant du côté de Pozoalcon, elle borde les montagnes de Cazorla. Elle est composée en général de marnes gypseuses, légères et blanches, qui, s'échauffant sous le feu d'un soleil africain, fatiguent beaucoup les yeux des voyageurs. A Benamaurel on y exploite du soufre. Le sol, peu fertile, est envahi par une graminée à tige tenace et textile, qui sert à faire des nattes, des tapis, des paniers et des cordages, et qu'on appelle *Esparto*. Cette plaine est traversée du S. au N. par le Rio de Baza, qui se jette dans le Guadalquivir, et dont le niveau en face de Baza est à 822 mètres au-dessus de la mer.

La ville est située sur le penchant des collines de grès et de calcaires tertiaires qui bordent la rive occidentale de la steppe, et elle est entourée d'une riche *huerta*.

De Baza à la Sierra Maria et à Huescar. — Au N.-O. de Baza se trouve une montagne isolée, le Jabalcol, qui domine la contrée environnante; elle est tout entière formée de calcaires compactes, d'un blanc gris, où les fossiles sont très rares. Ce n'est qu'après avoir cherché longtemps que nous sommes enfin parvenus à y découvrir une Ammonite jurassique (*A. plicatilis*). Le Jabalcol n'est séparé de la Sierra Nevada que par la Sierra de Gor et la vallée de Guadix, c'est-à-dire par une distance d'environ 60 kilomètres en ligne droite; aussi apercevait-on très bien du sommet du Jabalcol les détails de structure de cette célèbre chaîne avec ses deux points culminants, le Picacho de Veleta et le Mulahacen. La Sierra Nevada était le 18 mai couverte de neige, dont la limite inférieure paraissait suivre une ligne horizontale, qui se maintenait à une hauteur évaluée approximativement à 2200 mètres ; le sommet du Mulahacen étant à 1350 mètres plus haut (1). On apercevait aussi des taches de neige au N.-N.-E. sur la Sagra Sierra, et à l'O., un peu N., sur la Sierra de Jaën.

A partir du Jabalcol nous traversâmes de nouveau le désert de Baza pour gagner Cullar (888 mètres), où nous recueillîmes des fossiles tertiaires, plus ou moins analogues à ces singuliers *Cardium* (*C. pseudocardium*), si abondants dans le calcaire des steppes de la Crimée et de la Russie méridionale (2). Aux villages de las Vertientes et de Chirivel, nous retrouvâmes les Nummulites dans des calcaires très durs faisant partie de la bande nummulitique de Velez-Rubio.

L'ascension que nous fîmes à la Sierra Maria, sur les deux pics principaux (2033 et 2039 mètres), nous confirma l'existence d'un grand système jurassique dans cette partie de l'Espagne, système dont la direction serait à peu près de l'E.-N.-E. à l'O.-S.-O. Les fossiles y sont moins rares qu'au Jabalcol, et en gravissant la pente méridionale, nous fûmes assez heureux pour trouver, près d'une ferme où nous passâmes la nuit, les espèces suivantes : *Ammonites Bakeriæ*, Sow., *A. plicatilis*, id., *A. coronatus*, Brong., *Aptychus latus*, Park., etc.

En descendant les pics rocheux de la Sierra Maria, un accident arrivé à l'un de nous le priva, pendant le reste du voyage, de l'usage de sa main droite, et il dut renoncer pour le moment à se servir de son marteau.

Pour aller du village de Maria à Huescar, on traverse la partie N.-E. de la grande steppe de Baza, qui, de ce côté, est beaucoup plus fertile. Huescar, petite ville bâtie au pied de la Sagra Sierra, est un peu plus élevée que le reste de la plaine ; elle est, suivant notre moyenne, à 955 mètres. On y jouit d'une vue étendue, mais pendant la journée que nous y restâmes, la plaine fut couverte d'un brouillard sec nommé *calinas*, qui prend une teinte bleue ou rouge,

---

(1) D'après des nouvelles mesures que vient de nous communiquer M. C. de Prado, le Mulahacen n'aurait que 3400 mètres.

(2) *Russia and Ural*, par MM. Murchison, de Verneuil et Keyserling, vol. I, p. 299. — *Géologie de la Crimée*, par M. de Verneuil (*Mém. Soc. géol. de France*, vol. III, p. 59, pl. I).

suivant le degré d'élévation du soleil au-dessus de l'horizon, et qui a la propriété de faire paraître les divers objets, les montagnes, entre autres, beaucoup plus loin qu'ils ne le sont réellement. Ces *calinas*, qui n'apparaissent que dans les temps chauds et secs, ressemblent plutôt à une poussière répandue dans les parties inférieures de l'atmosphère qu'à de la vapeur d'eau.

De Huescar à Moratalla, Caravaca et Zieza. — A Huescar, nous cherchâmes à prendre quelques renseignements sur la meilleure manière de parvenir au sommet de la Sagra Sierra; mais tout ce qu'on put nous dire était peu satisfaisant, personne dans la localité n'ayant fait cette ascension; nous crûmes même nous apercevoir que quelque préjugé mystérieux régnait à ce sujet dans le pays. Les auteurs qu'on pouvait consulter, à l'exception de M. Willkomm (1), dont nous n'avions pas l'ouvrage, sont aussi muets que les habitants de Huescar, et les géographes placent la Sagra Sierra beaucoup trop au N. de la ville. Cette partie montagneuse de l'Andalousie est, du reste, une de celles qui est le plus mal représentée sur les cartes.

Pour avoir une idée d'ensemble du pays, nous fîmes d'abord une petite reconnaissance sur une montagne voisine, le Cerro de Pedro-Ruiz, d'où l'on voit parfaitement la Sagra, et le lendemain, nous nous acheminâmes vers le pied de la montagne en passant par le Cortijo-Nuevo ou Cortijo de Masa, localité précieuse pour le géologue, et où nous fîmes une abondante récolte de petites Ammonites de la formation néocomienne. De là notre chemin était indiqué vers le Cortijo del Agua-Alta, à la base immédiate de la Sierra, où nous laissâmes nos mules. Cette partie de la montagne est couverte d'une abondante végétation de chênes verts, de pins, de thuyas, de grands genêts, de génevriers et de beaucoup d'asphodèles. Peu à peu, lorsqu'on monte, on voit cette végétation diminuer; les pins restent seuls, deviennent rabougris, clair-semés, et disparaissent tout à fait à leur tour pour laisser la roche complétement à nu. Celle-ci est un calcaire argileux assez dur, en bancs légèrement inclinés. Nous y recueillîmes de distance en distance, depuis la base, près du Cortijo, jusqu'au sommet, soit dans la roche même, soit dans les débris éboulés, quelques Ammonites et Bélemnites appartenant au lias, parmi lesquels nous reconnûmes l'*Ammonites Turneri*, Sow., et une espèce voisine de l'*A. Conybeari*.

Sur le sommet lui-même, nous découvrîmes à notre grand étonnement, presque sous la neige, une pièce de monnaie à l'effigie d'un empereur romain. Qui l'y avait apportée en ce lieu sauvage, où

(1) *Die Halbinsel der Pyrenäen, von Moritz Willkomm*, 1855.

les bergers eux-mêmes ne montent jamais? Peut-être un citoyen de Rome, un élève de Pline, un curieux comme nous des grands spectacles de la nature.

Le sommet de la Sagra est formé d'une arête rocheuse, culminante, alignée N.-E., S.-O. Les pentes du N.-O. sont plus fortes que celles du côté opposé : elles étaient couvertes de grandes plaques de neige de 5 à 6 mètres d'épaisseur. Cette arête est composée de trois mamelons principaux, et c'est sur celui du milieu, le plus élevé, que nous avons établi notre observatoire. La moyenne de trois observations, faites le 23 mai, de une heure à trois heures et demie, nous donne une hauteur de la colonne barométrique, de $574^{mm},50$ (la température du mercure ramenée à zéro); la température extérieure étant de 9 degrés. En calculant par Madrid et par Oran, comme nous l'avons fait pour toutes nos observations, et en tenant compte bien entendu de toutes les corrections, nous trouvons une altitude de 2400 mètres. En ligne droite, la Sagra Sierra est à peu près à égale distance de Madrid et d'Oran.

Le pic de la Sagra, qui, au sud, n'est séparé de la plaine que par les chaînes secondaires appelées Sierras del Muerto, de la Incanta, de Marmolance, etc., est, comme le pic du Midi de Bagnères, dans une position fort excentrique par rapport au massif principal qu'il domine. Aussi, du sommet de cette espèce de tour avancée, pouvions-nous avoir une idée du réseau montagneux assez compliqué où naissent la Segura et le Guadalquivir.

A l'est de la Sagra, nous distinguions le Calar, au pied duquel est situé le village de la Puebla de don Fadrique, et plus loin, la Sierra de la Sarza et celle plus haute, dite Sierra de las Cabras, qui se prolonge vers Nerpio et d'où partent le Quipar et le rio de Caravaca. En continuant à parcourir l'horizon, nous voyions au N.-E. la Sierra d'Ana-Blanca et le Calar del Mundo; puis, plus près de nous, la Sierra de Grillemona (1) encore couverte de quelques plaques de neige. A mesure que nous ramenions nos regards vers le N., du côté du Yelmo de Segura, et surtout vers l'O., il était facile de juger que la hauteur des montagnes augmentait. La neige, qui chaque année fond entièrement vers le mois de juin, présentait encore, le 23 mai, de vastes accumulations sur la Sierra Seca et la Sierra de Castril. Nous ne pensons pas que ce haut massif, ni celui dont fait

(1) M. Willkomm dit n'avoir rencontré personne qui connût le nom de *Grillemona*, qu'on lit sur la carte de Lopez. Tous nos guides au contraire le connaissaient parfaitement, et nous ont désigné sous ce nom la chaîne la plus rapprochée de la Sagra vers le N.-E.

partie le long plateau appelé Campo de Hernan Pelea, à l'O. de Hornillo, soient plus élevés que la Sagra ; mais comme ils occupent une bien plus grande surface, il est naturel qu'ils conservent plus de neige. C'est de ce côté qu'est la source du Guadalquivir, et comme la petite ville de Cazorla se trouve dans le voisinage, le groupe entier prend quelquefois le nom de Sierra de Cazorla.

Enfin, à une plus grande distance, entre l'O. et le S., on voyait de hautes montagnes dans l'ordre suivant : la Sierra de Jaën, puis la Si rra de Rallo, la Sierra Nevada, le Jabalcol et la Sierra de Baza ; entre le S. et l'E., la Teta de Bacares, la Sierra de Periate et la Sierra Maria qui en est la suite, et enfin le massif d'España, sans compter beaucoup d'autres petites chaînes qui forment autour de ce remarquable horizon, un immense océan de montagnes.

En descendant les pentes S.-O. pour regagner le Cortijo del Agua-Alta où nous passâmes la nuit, nous trouvâmes encore quelques Ammonites et des Bélemnites. Le Cortijo lui-même est à 1460 mètres.

La Puebla de Don Fadrique est le village le plus rapproché de la Sagra. Situé à la limite de la province de Grenade, vers son extrémité nord-est, il est à 1165 mètres au-dessus de la mer. Sur le chemin du Cortijo del Agua-Alta à la Puebla, près de l'ermitage de Las Santas, les calcaires jurassiques disparaissent et sont remplacés par des grès, des calcaires argileux et des marnes où nous trouvâmes des Ammonites, des *Micraster* voisins du *M. brevis* et l'*Ostrea carinata* ?, du terrain crétacé.

A la Puebla de Don Fadrique, il y a quelques exploitations de gypse ; puis, à 1 kilomètre au nord de la Puebla, le terrain nummulitique commence à se montrer. Nous trouvons des Nummulites d'abord dans les murs de clôture, puis dans la roche même, et nous ne quittons plus ce terrain jusqu'à Hornillo, en laissant la Sagra Sierra et la Sierra de Grillemona à gauche, et la Sierra de las Cabras à droite. Nous passons d'abord par le col del Hornillo (1676 mètres), puis dans une série de défilés déserts et sauvages, couverts d'une belle forêt de pins, appartenant au duc d'Albe. Le col est en grande partie composé de grès et de sable ; mais lorsqu'on approche du village, le terrain change et passe à l'état de calcaire grossier. Les Nummulites et les autres fossiles y deviennent très rares, et la roche, assez tendre, est percée de nombreuses cavernes qui servent d'habitation.

En jetant les yeux sur une carte de cette partie de l'Espagne, on voit que le village del Hornillo ou de Santiago de la Espada est situé dans une des contrées les plus désertes, au milieu d'une région montagneuse, complétement dépourvue de villes et de villages, et qui, située entre la Sagra et Segura, est quelquefois désignée sous le nom de Sierra de Segura.

Tout ce système, compris entre Huescar au sud et la ville de Segura ou celle d'Alcaraz au nord, forme un réseau de montagnes assez compliqué, mais généralement allongé dans la direction de l'E., N.-E., à l'O.-S.-O. C'est là que plusieurs rivières et des fleuves importants prennent leur source. Le Rio-Mundo, le Taibilla, le Quipar, qui se réunissent tous au Rio-Segura, gagnent à l'est la Méditerranée, tandis que le Guadalimar, le Guadalquivir et le Barbata vont à l'ouest se jeter dans l'Océan.

Cet ensemble, au point de vue géologique, est exclusivement composé de dépôts sédimentaires. Les terrains secondaires et tertiaires, y compris le trias, y sont disposés en bassin, de telle sorte que les plus nouveaux occupent le centre de la région montagneuse et les plus anciens en constituent les bords. Les roches ignées y manquent complétement. Les masses éruptives les plus rapprochées sont les granites des environs de Linares et ceux du pont de Genave, à 5 ou 6 kilomètres au nord de Segura, qui appartiennent à un autre système de montagnes, à la Sierra Morena.

Quelque désert que paraisse le pays sur les cartes de l'Espagne, c'est cependant un des plus agréables à parcourir. Quand il n'y a pas de villages, le voyageur peut coucher dans des cortijos, ou fermes isolées, éparses çà et là dans la montagne, et où il trouve l'hospitalité la plus bienveillante et la plus honnête. Les habitants, vivant éloignés des bruits du monde, sont, comme les marins, toujours prêts à rendre service.

De Hornillo, nous descendons en suivant un torrent qui n'est marqué sur aucune carte, et qui coulant vers le N.-N.-E., va se jeter dans la rivière Segura. Ce torrent est profondément encaissé, et, à 2 ou 3 lieues de Hornillo, il arrose et fertilise quelques lambeaux de terre labourables, où se trouvent des chaumières qu'on appelle *Cortijada* ou *hameau de Vites*. Des couches de combustibles assez pauvres viennent y affleurer ; elles appartiennent au grès vert, où des dépôts de ce genre abondent en Espagne. La coupure dans laquelle coule le Rio de Hornillo, et qui met à découvert, sur une grande épaisseur, les calcaires et les marnes crétacées, n'a pas moins de 350 mètres. Nous remontons ensuite sur le plateau accidenté et aride qui nous sépare de Nerpio, en recueillant des *Requienia* et des *Radiolites*, analogues à la *Requienia lævigata* et au *Radiolites polyconilites*.

Avant d'arriver à Nerpio, le calcaire tertiaire blanchâtre qui recouvre le plateau, renferme des Scutelles, des Operculines et des grandes Huîtres. Le petit village de Nerpio, très mal indiqué sur les cartes, est situé à la jonction de la petite rivière Taibilla avec un ruisseau qu'on appelle Aliagosa. Une grande chaîne, qui paraît être une ramification de la Sierra de las Cabras, limite au sud la rivière de Taibilla, et la sépare du Rio-Quipar. Le 25 mai, on y voyait encore quelques taches de neige, à peu près comme sur le Calar del Mundo, près de Yeste. Elle doit donc avoir, comme ce dernier, de 1650 à 1700 mètres. De Nerpio à la saline de Zacatin et à l'ermitage de San-Juan nous retrouvons la formation nummulitique et les calcaires miocènes marins. La saline paraît être située dans un pointement de trias en couches très inclinées, au milieu des terrains tertiaires, qui le sont peu.

Toute cette contrée est formée de plateaux fort élevés, coupés par des barrancos profonds, et couverts de bouquets de pins. Nos observations nous donnent, pour Hornillo, 1314 mètres, pour Nerpio 1091, et pour la saline de Zacatin 1120. A l'est de Zacatin, la constitution géologique change; on entre dans le système des calcaires jurassiques qui font suite à la Sagra, et qui limitent au sud et à l'est le massif des montagnes de la haute Segura; puis une descente rapide mène à Moratalla, à la limite du terrain jurassique et du terrain tertiaire. Cette ville n'est qu'à 651 mètres au-dessus de la mer. La végétation change avec l'altitude, et les pins du plateau supérieur sont remplacés par la vigne, l'olivier, l'agave et les cactus.

De Moratalla à Caravaca (555 mètres) et à Cehegin (542 mètres), nous avons traversé une contrée entrecoupée de vallons où l'on trouve des argiles, des gypses et des calcaires caverneux dolomitiques, le tout appartenant au trias. Cette contrée est dominée à l'ouest de Cehegin par une montagne de 739 mètres, où nous avons recueilli une assez grande quantité de fossiles jurassiques dont les formes caractérisent, les unes le groupe moyen ou l'Oxford-clay, les autres des couches plus anciennes. Ce sont des Térébratules voisines de la *T. varians* et de la *T. plicata*, Lamk., un *Aptychus* voisin de l'*A. lamellosus*, l'*Ammonites tatricus*, deux espèces qui rappellent les *A. Constantii*, d'Orb., et *Brongniarti*, et enfin l'*A. Bakeriæ*.

A la porte de Cehegin, sur la rive gauche du Rio de Caravaca, nous avons examiné un riche filon de fer magnétique qui apparaît au milieu des gypses et des calcaires bleus et jaunes du trias.

De Cehegin à Zieza, dans la même journée, nous avons traversé des terrains très variés : d'abord des gypses et des calcaires bleus dolomitiques du trias, avec des Avicules, voisines de l'*A. socialis*, et la petite *Lima* que nous avons déjà figurée comme provenant du trias de Royuela (1); puis des calcaires blancs marneux du terrain miocène; et de nouveau enfin, à la saline de Calasparra, le trias avec son calcaire bleu ou noir et des Avicules. En approchant du Rio-Segura et de Zieza, les calcaires sableux nummulitiques se montrent au pied de la montagne qu'on appelle el Morchon de Zieza. Ici, comme dans le nord du royaume de Murcie, le calcaire jurassique manque et paraît avoir été dénudé avant l'époque crétacée.

La ville de Zieza, assise sur le bord du Rio-Segura, est dominée par une montagne dite Sierra del Oro ou de Lloro. Son sommet (938 mètres) est formé de calcaires blancs dolomitiques de l'époque du trias, percés çà et là par des diorites, et vers la base elle est entourée de calcaires et de grès nummulitiques.

Zieza est à 173 mètres, et le niveau du Rio-Segura, qui baigne les murs de la ville, à 162. Cette rivière circule difficilement au milieu d'un dédale de hautes montagnes sèches et stériles; mais il y a, de temps en temps le long de son cours sinueux, des anses un peu larges où l'on peut cultiver et surtout arroser les terres. Ces *huertas* successives, qui l'accompagnent tantôt à droite, tantôt à gauche, sont alors d'une fertilité extrême, grâce à un système d'irrigation habilement employé. Le val de Ricote, près de Zieza, qui se trouve dans ces conditions exceptionnelles, est renommé pour la richesse et la beauté de ses produits, principalement en oranges, citrons, limons, grenades, figues, etc. Le palmier-dattier y est cultivé avec succès, et ce luxe de végétation des bords de la rivière forme un contraste frappant avec l'extrême aridité des montagnes qui l'encaissent.

De Zieza à Hellin, Yeste et Segura. — De Zieza à Hellin, dans la direction du nord, la contrée n'est plus montagneuse; c'est une plaine légèrement ondulée dont le fond, composé de terrain tertiaire, est entrecoupé par des chaînes peu élevées de calcaire crétacé, comme celles du Puerto de la Mala-Muger, de la Cabeza del Asno et la Sierra de las Cabras, toutes dirigées vers l'O. un peu S.

A Hellin même (572 mètres), le terrain tertiaire est en contact à l'E. avec des collines de calcaires marneux, où nous avons trouvé des Ammonites jurassiques (*A. biplex*, Sow.), et au S.-O. avec des dolomies, des grès rouges micacés et des conglomérats remplis de galets de quartz, probablement triasiques.

De Hellin nous avons pris la direction de l'ouest pour visiter les montagnes du N. de la Segura, et celles où le Rio-Mundo prend sa

(1) *Coup d'œil sur la constitution géologique de l'Espagne* (*Bull. Soc. géol.*, 2e sér., vol. X, pl. 3, fig. 2, 1852).

source. Jusqu'à Socobos, nous nous sommes trouvés presque constamment sur un terrain tertiaire d'eau douce; de là à Yeste, on pénètre dans une bande de terrain crétacé. La contrée devient montagneuse; elle est profondément sillonnée par la Segura, qui n'est qu'à 550 mètres au-dessus de la mer, tandis que Yeste, placée à mi-côte sur les hauteurs qui dominent la vallée et au pied du Calar del Mundo, est à 890 mètres. L'agave y végète encore, mais il est sans vigueur. On y trouve quelques traces de lignite dans les grès crétacés.

Pour faire l'ascension du Calar, il faut traverser la montagne d'Ardel, qui sépare Yeste du ruisseau de Tous, montagne crétacée composée de calcaire à *Nerinea* surmonté par des calcaires plus bruns avec *Requienia* et *Ostrea* et par des grès, le tout couronné par une puissante masse de dolomie. Le Calar del Mundo offre à peu près la même constitution. Nos observations barométriques donnent pour le Cerro Argel, pic le plus élevé, 1658 mètres. Le 4 juin on y voyait encore quelques petites plaques de neige. Le revers nord du Calar est couvert de pins et de thuyas.

C'est de ce côté, dans la pittoresque vallée du Rio-Mundo, que se trouvent les riches mines de zinc et la grande fabrique de Riopar, ou de San Juan de Alcaraz. Les gisements de calamine sont intercalés entre des dolomies compactes et un mélange brechoïde de marnes dures et de fragments de calcaire, qui se trouve presque au contact du calcaire crétacé avec *Requienia*. Les trois principaux points où le minerai est exploité sont situés sur la rive droite du Rio-Mundo. Il y a aussi, très près de la fabrique, une source salée qui n'est pas utilisée et des dépôts de grès rouge, ce qui nous porte à croire que cette mine se trouve au contact des dépôts triasiques avec la craie.

Le directeur de la fabrique, don Juan Ugarte, nous donna l'hospitalité la plus bienveillante, et nous fit voir en détail son bel établissement qui est en voie de prospérité. L'exploitation du minerai, la fonderie, le limage, les fours à recuire et le travail des objets de laiton manufacturés pour le commerce occupent environ 400 ouvriers.

Au premier étage de la maison du directeur, la moyenne barométrique nous donna 966 mètres.

Au nord de la fabrique de San-Juan de Alcaraz, une chaîne assez élevée, le Cerro de Almenara, est composée de calcaire dolomitique. Sa crête rocheuse, fortement relevée, est coupée à pic du côté du nord, et son point le plus élevé atteint presque 1800 mètres. C'est la limite nord des hautes montagnes du groupe de la Segura, et on la désigne souvent sous le nom de Sierra d'Alcaraz.

Du haut du pic, la vue plonge au loin vers le nord sur une grande partie des plaines de la Manche, dont le bourg de Bonillo paraît occuper le point culminant. On voit aussi au nord-ouest, et dans une profonde dépression, l'extrémité de la Sierra Morena mieux que nous ne l'avions vue jusqu'à présent.

De San-Juan de Alcaraz, nous nous sommes dirigés vers le S.-S.-O., pour gagner Segura de la Sierra.

A une petite distance de la fabrique, nous avons été voir les sources du Rio-Mundo. Cette rivière surgit au fond d'un grand cirque, analogue au cirque de Gavarnie, en formant trois cascades d'un volume d'eau considérable, étagées les unes au-dessus des autres et coulant sur des bancs horizontaux de calcaire crétacé. Le Rio-Guadalimar, tributaire du Guadalquivir, prend sa source sur le revers opposé de ces mêmes montagnes, qui marquent ainsi le partage des eaux entre l'Océan et la Méditerranée.

Cette haute région montagneuse, entre Villaverde et Cotillas, près de Siles et de Segura de la Sierra, est couverte d'une belle végétation de pins; le sol est revêtu d'un épais gazon, chose rare en Andalousie. Dans le fond des vallées et des barrancos, le trias règne avec ses dolomies cristallines, ses argiles et ses grès rouges. Près de Siles est une source salée exploitée dans les calcaires bleus et jaunes, où nous avons trouvé des traces de fossiles du muschelkalk.

Lorsqu'on s'approche de Segura, le calcaire argileux jurassique se montre sur quelques sommets et paraît occuper une zone intermédiaire entre la craie qui couronne le Yelmo et les couches triasiques qui prédominent au N. de la ville. Près de Segura de la Sierra nous avons trouvé l'*Ammonites plicatilis.*

La ville elle-même est située au contact des calcaires jurassiques avec Ammonites et des calcaires dolomitiques; elle est dominée par un vieux château et bâtie en gradins sur le penchant rapide des dolomies. Sa hauteur moyenne est de 1112 mètres. Le Rio-Trojala, qui passe au pied de la ville, n'est qu'à 822 mètres, en sorte que la vallée a près de 300 mètres de profondeur.

De Segura à Veas, Alcaraz et Albacete. — Lorsque nous quittâmes Segura, le 8 juin, nous dûmes, à cause de l'accident dont nous avons parlé, renvoyer à une autre année l'exploration des Sierras de Cazorla et de Jaën, encore si peu connues. Nous nous décidâmes à faire seulement une dernière ascension intéressante : celle du Yelmo, au sud de Segura.

Le sommet de cette montagne est composé d'un calcaire blanc un peu cristallin, tandis que vers la base on rencontre des calcaires bruns, argileux, avec *Ostrea*, et des sables à lignites, comme nous en avions déjà vus à Yeste et à Vites. La masse entière du Yelmo, située au sud de la bande jurassique qui passe à Segura, appartient à la craie.

Du sommet qui s'élève à 1811 mètres, on voyait au sud la Sagra, au sud-ouest les Sierras de Cazorla et de Jaën, et à nos pieds, dans la même direction, une profonde vallée où coule le Guadalquivir.

Après avoir admiré ce magnifique panorama, nous sommes descendus dans la plaine de Hornos, qui communique d'un côté avec la vallée du Guadalquivir et de l'autre avec celle du Guadalimar. Près du village, il existe une ancienne mine de cuivre ou plutôt des travaux de recherche dans des lignites triasiques, au milieu desquels s'est formé du carbonate de cuivre. Le minerai y est trop peu abondant pour donner lieu à une exploitation.

La plaine de Hornos est creusée dans les argiles et les marnes du trias, et quelques bancs de calcaire qu'on y rencontre contiennent des fossiles du muschelkalk, entre autres, la *Myophoria Goldfussi* et l'*Avicula socialis*.

A partir du Puerto de Veas jusqu'à la petite ville de ce nom, on traverse des dolomies sans fossiles. A Veas même existe un lambeau de calcaire tertiaire avec *Clypeaster altus*. De cette ville, qui est à 575 mètres au-dessus de la mer, nous avons remonté le cours du Guadalimar jusqu'au pont de Genave, où nous avons atteint un îlot de granite traversé par la rivière. Ce granite, qui ne présente rien de particulier dans sa structure, si ce n'est de très grands cristaux de feldspath, nous annonçait le voisinage de la Sierra-Morena; et c'est en effet la plus orientale des éruptions ignées qui accompagnent cette chaîne, où nous entrâmes bientôt en nous dirigeant au nord vers Albaladejo.

La Sierra Morena se fait reconnaître de loin par la végétation spéciale qui la couvre; on n'y voit plus de grands pins, ni de grands chênes comme dans les sierras que nous venions de quitter; elle est couverte de buissons arborescents, très serrés, comme les *maquis* de la Corse, de lentisques, de lavandes, de chênes nains, de tamarins, de myrtes, d'asphodèles, et surtout de *Jaras* ou *Cystus*, à fleurs blanches et à fleurs roses. Nul chemin tracé n'indique la route qu'on doit suivre, et nous pénétrâmes dans ce fourré sans trop savoir comment nous en sortirions. Le sol où croissent ces arbustes est exclusivement composé de schistes argileux et de quarzites siluriens. Les fossiles du système silurien inférieur (*Calymene Tristani*, *Asaphus nobilis*) que nous y avons trouvés sont renfermés dans des boules de schistes argileux en voie de décomposition.

Par ses caractères extérieurs, la Sierra Morena ne ressemble pas aux autres montagnes du pays; elle se compose d'une série de collines peu élevées, qui se succèdent les unes aux autres, dont le sommet est formé de couches de quarzites et les parties basses de schistes argileux. Les quarzites, qui résistent mieux à la destruction, constituent souvent des crêtes dentelées à contours capricieux, tandis que les schistes prennent des formes arrondies.

A son extrémité orientale, au moment où elle disparaît sous des terrains plus récents, la Sierra Morena est une chaîne fort basse, ainsi que nous l'expliquerons tout à l'heure. Le niveau du Guadarmena, qui la traverse entre Genave et Albaladejo, est à 642 mètres.

A Albaladejo, premier village de la Manche (920 mètres), on quitte la Sierra Morena pour entrer dans les grès rouges du trias, qui sont horizontaux. Entre Albaladejo et Montiel, où le calcaire siliceux repose sur les grès, le plateau s'élève peu à peu jusqu'à 1013 mètres; puis à Montiel, situé dans une dépression de grès, il n'est plus qu'à 892 mètres.

Pour arriver aux sources du Guadiana en passant par Villahermosa, on traverse une steppe horizontale de 15 à 16 kilomètres d'étendue. Ces sources comprennent une série de sept lacs. Les eaux, pures et transparentes, passent d'un lac à l'autre avec une pente très faible. Le plus élevé d'entre eux, la *Laguna blanca*, qui est la source même du Guadiana, nous a donné une altitude de 878 mètres. En quittant ce point, nous avons traversé un second désert, de 12 à 15 kilomètres, pour arriver à la saline de Pinilla, dont l'altitude est de 984 mètres, et qui est en pleine exploitation. Les eaux salées sont traitées par l'évaporation spontanée, dans des bassins carrés peu profonds, comme nous l'avons vu précédemment. Suivant M. le directeur de la saline, ces bassins, qui occupent une grande surface, sont au nombre de 1350.

De la saline à Alcaraz, on suit, jusqu'à Villanueva de la Fuente, le plateau dont nous venons de parler, et sur lequel croissent çà et là d'assez beaux chênes; puis l'on arrive sur le bord d'une large dénudation qui a mis la Sierra Morena à découvert, et qui est le prolongement de celle que nous avions traversée deux jours auparavant, entre Genave et Albaladejo. Le Rio-Guadarmena coule dans cette dépression, occupée par les schistes argileux et les quartzites du terrain silurien inférieur, en couches fortement inclinées. Sur l'autre rive de cet évidement, les grès rouges et les calcaires cristallins reparaissent en bancs horizontaux. En cet endroit, le Rio-Guadarmena est à 778 mètres, tandis que Villanueva de la Fuente, sur l'un des bords de la dénudation, est à 996 mètres, et Vianos, sur l'autre, à 1135. La dénudation a donc plus de 200 mètres de profondeur, et, sans elle, toute cette extrémité de la Sierra Morena serait entièrement cachée par les dépôts postérieurs.

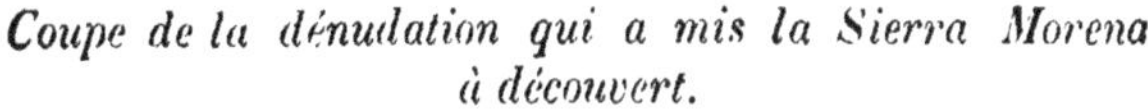

Coupe de la dénudation qui a mis la Sierra Morena à découvert.

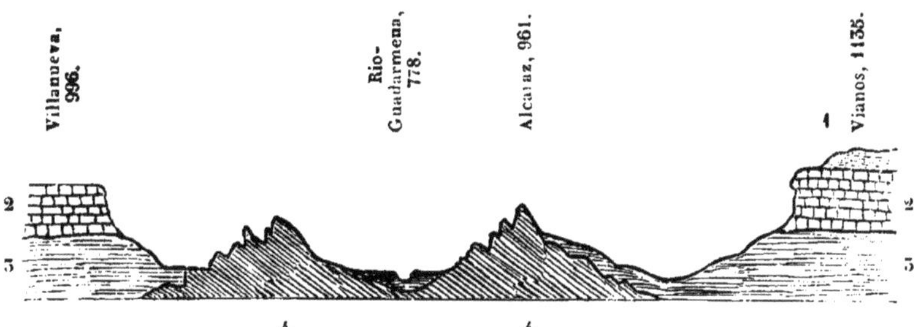

1. Calcaire grossier et grès tertiaires avec Peignes et Huîtres.
2. Calcaire dur cristallin, muschelkalk.
3. Grès rouge et arg les bigarrées.
4. Quartzites et schistes siluriens, fin de la Sierra Morena.

La ville d'Alcaraz est située à la pointe extrême de la Sierra Morena ; le rocher du vieux château est sur les quartzites siluriens, et la ville est bâtie en partie sur les argiles bigarrées et sur les grès rouges du trias qui sont horizontaux et complétement discordants avec les couches siluriennes L'altitude d'Alcaraz, suivant la moyenne de plusieurs observations, est de 961 mètres.

D'Alcaraz à Albacete, en tournant le dos à la Sierra Morena, nous avons laissé à gauche les grandes plaines de la Manche, et à droite la chaîne d'Almenara, qui, tout en perdant de sa hauteur et en changeant de nom, se continue à l'est jusqu'à las Peñas de San-Pedro. Le chemin que nous avons suivi est pratiqué sur le versant nord de ces montagnes, et traverse les villages de Cilleruelo, Masegoso, Peñarubia et Cristo del Sauco. On rencontre çà et là, sur le trias, des lambeaux de ce terrain tertiaire marin, horizontal ou peu incliné, que nous avions déjà vu à Vianos, près d'Alcaraz, et ce n'est pas sans étonnement qu'on trouve des dépôts aussi récents (miocènes) portés à une pareille hauteur. En effet, ils atteignent 1135 mètres à Vianos, 1107 à Masegoso, et 1080 à las Peñas de San-Pedro.

Cette dernière montagne, que surmonte un vieux château et qui s'aperçoit de si loin au milieu des plaines de la Manche, marque, en même temps que l'extrémité de la Sierra d'Alcaraz, le point où le terrain miocène marin est interrompu pour faire place au terrain d'eau douce qui s'étend vers Albacete.

Le 15 juin au soir, nous étions de retour à Albacete, après un voyage de sept semaines.

Résumé. Régions ou systèmes de montagnes distincts dans le sud de l'Espagne. — Après ce rapide itinéraire, nous terminerons par quelques observations sur les traits physiques et les caractères géologiques de la contrée que nous avons parcourue.

La province de Murcie et celle d'Andalousie, qui la limite à l'O., et où nous avons un peu pénétré, peuvent au point de vue géologique se diviser en trois régions, caractérisées chacune par des roches aussi différentes sous le rapport minéralogique que sous celui des formes orographiques qu'elles revêtent.

La plus méridionale suit la Méditerranée et comprend une zone plus ou moins rapprochée du rivage. C'est la région métallifère par excellence ; car malgré de nombreuses exploitations qui remontent jusqu'aux Romains, certaines montagnes, comme celles de Carthagène, d'Almagrera et de Gador, fournissent encore au commerce des quantités considérables d'argent et de plomb. Elle est composée de schistes argileux et talqueux, de phyllades satinées, de schistes siliceux, de quartzites, de conglomérats, et enfin de calcaires magnésiens, grenus, bleuâtres, ou de calcaires blancs saccharoïdes. C'est la région que nous appelons *métamorphique*. Nous n'avons pu y découvrir aucuns fossiles, et nous doutons qu'il en ait encore été trouvé (1).

L'affleurement le plus oriental des roches métamorphiques est situé près d'Orihuela. Elles forment d'abord la montagne schisto-calcaire de Callosa, fragment détaché de la sierra qui s'étend d'Orihuela à Monteagudo, près de Murcie. Celle-ci est bientôt suivie par d'autres sierras étroites et allongées dans des directions qui oscillent autour d'une ligne tirée de l'E.-N.-E. à l'O.-S.-O., telles que celles de Carrascoy, de Carthagène, d'Almenara, etc. Tantôt isolées au milieu des plaines tertiaires, tantôt réunies par leurs extrémités, ces montagnes se continuent à travers la province de Murcie, et se prolongent en Andalousie où, sous les noms de sierras de las Estancias, d'Oria, de Filabres, de Baza, elles vont enfin s'unir au gigantesque massif de

---

(1) Dans son excellent *Mémoire sur la géologie du district métallifère de Murcie*, M. Ramon Pellico dit avoir trouvé, près de Carthagène, quelques restes organiques assez problématiques qu'il croit être des Orthocères (*Revista minera*, vol III, p. 99). M. C. de Prado nous écrit qu'il a vu en effet des Orthocères dans les dalles de certains monuments de Carthagène, mais qu'il n'a pu s'assurer d'où elles proviennent.

la Sierra Nevada. Partout elles offrent la même composition, partout les calcaires en occupent les parties supérieures et moyennes, tandis que les grès et les schistes en forment la base.

Les roches plutoniques n'y jouent qu'un rôle très secondaire, et ne s'y montrent que sous forme de dykes ou de masses dioritiques très circonscrites. Quant à l'âge de la chaîne métamorphique, nous y reviendrons tout à l'heure

Si maintenant nous nous transportons au N.-O., à l'autre extrémité de la province de Murcie, là où elle confine à la province de la Manche, nous verrons affleurer près d'Alcaraz les premiers rudiments de cette chaîne qui, sous le nom de *Sierra Morena*, s'étend à l'O.-S.-O., passe un peu au N. de la Carolina, de Cordoue et de Séville, et après s'être élargie pour embrasser une partie de l'Estramadure, va se terminer au cap Saint-Vincent, en Portugal. Cette chaîne est entièrement composée de dépôts paléozoïques, et si l'on en juge par les découvertes de notre ami M. C. de Prado, les fossiles les plus caractéristiques s'y rencontrent dans leur ordre accoutumé (1). Les roches dominantes sont les quartzites et les schistes argileux passant tantôt à l'ardoise et tantôt au psammite. Les premiers, plus inaltérables que les seconds, forment des crêtes allongées qui dominent le pays. Çà et là percent des porphyres et des granites occupant quelquefois une assez grande surface. On sait aujourd'hui que les schistes et les quartzites de la Sierra Morena appartiennent au système silurien inférieur ; que le supérieur y est à peine représenté par quelques couches d'ampélites avec Graptolites et *Cardiola*, et qu'enfin les systèmes dévonien et carbonifère, dont la partie inférieure est seule développée, n'y forment que des îlots très espacés. Ces systèmes se distinguent par leur composition minéralogique comme par leurs fossiles. Ainsi le système dévonien contient peu de schistes et beaucoup de grès, plus tendres que ceux du système silurien. Le calcaire, qui manque presque entièrement dans ce dernier, commence à se montrer pendant la période dévonienne, mais ne prend un grand développement que dans la période carbonifère ; c'est là seulement qu'il concourt à donner au sol des caractères particuliers. En effet, dans les riches bassins carbonifères d'Espiel et de Belmez, le calcaire à *Productus* forme une série de pics assez élevés au pied desquels viennent s'étendre les grès et les conglomérats où l'on exploite la houille.

Le terrain paléozoïque, qui constitue toute la Sierra Morena, offre donc un développement très inégal de ses trois formations inférieures,

(1) *Bull.*, vol. XII, p. 964.

la formation silurienne étant prédominante et occupant seule une surface cinq ou six fois plus considérable que les deux autres réunies.

A son extrémité orientale, près d'Alcaraz, la Sierra Morena n'est composée que de quartzites et de schistes siluriens inférieurs avec *Calymene Tristani*, *C. Arago* et *Placoparia Tournemínei*. Elle offre ce trait remarquable d'une chaîne qui, après s'être maintenue pendant 500 kilomètres à une altitude plus ou moins grande, se rétrécit et s'enfonce graduellement sous le niveau général des contrées environnantes, de manière à n'être plus visible que dans le fond d'une large dépression qui règne au pied de la Sierra d'Alcaraz. Cette dépression où coule le Guadarmena est l'analogue de celles que nous avons signalées des deux côtés de la chaîne du Guadarrama, sur la route de Madrid (1). A 6 kilomètres au N.-O. d'Alcaraz, elle est déjà à 200 mètres au-dessous du plateau horizontal de la Manche, qui la borde au N., et à 1000 mètres au-dessous du pic d'Almenara, l'un des plus élevés de la chaîne d'Alcaraz qui la domine au S. C'est par le point où la Sierra Morena disparaît ainsi que passera probablement le chemin de fer de Madrid à Séville. Cette ligne est moins directe que la route actuelle, mais elle évitera les travaux d'art.

Entre la région silurienne au N. et la région métamorphique au S., on en trouve une troisième composée de terrains secondaires et tertiaires plus ou moins calcaires dans leurs éléments principaux, et qui occupe la plus grande partie du royaume de Murcie. C'est près de Moratalla que commence cette troisième chaîne. Les montagnes s'y dessinent en traits moins heurtés que dans celle du S., mais elles forment un massif dont les diverses parties sont liées plus intimement. De même que nous avons vu les montagnes métamorphiques du littoral s'élever vers l'O. jusqu'à la Sierra Nevada, de même aussi la chaîne calcaire dont nous nous occupons s'élève graduellement dans cette direction depuis Moratalla jusqu'à la Sierra Sagra, où elle atteint 2400 mètres. Sans s'abaisser ensuite sensiblement, elle se continue par Cazorla, comprend les points où naissent le Guadalquivir et la Segura, forme entre Grenade et Jaën des pics élevés recouverts encore d'un peu de neige au milieu de mai, et passe près d'Antequera pour se terminer par les montagnes de Ronda et de Medina-Sidonia. Cette chaîne a presque la même orientation que la chaîne métamorphique prise dans son ensemble. On y rencontre les formations secondaires depuis le trias jusqu'à la craie, surmontés par les dépôts nummulitiques qui, sur le revers S.-E. de la Sagra, atteignent 1600 à 1700 mètres d'altitude. Sur quelques points, comme à Vianos, près

(1) *Bull.*, vol. XI, p. 664 et 681.

d'Alcaraz, et entre Zacatin et Moratalla, les calcaires miocènes avec coquilles marines ont été portés à d'assez grandes hauteurs sans que leurs couches aient été dérangées (1135 mètres).

La largeur moyenne de ce massif montagneux est d'environ 80 kilomètres, et sa longueur de 350. Nous n'avons étudié que son extrémité orientale, depuis Moratalla jusqu'à la Sagra, à Hornillo et a Segura. Sa constitution est encore peu connue au S.-O. de Cazorla, et dans les montagnes de Jaën ; mais autant qu'on peut en juger à une certaine distance, d'après les formes orographiques, elle doit être la même que celle des parties que nous avons parcourues. Dans la Sierra d'Elvira, près de Grenade, dans celles d'Antequera et de Ronda, dans les montagnes de Cabra et de Baena au S. de Cordoue (1), on a trouvé des Ammonites jurassiques qui confirment ces rapprochements.

Ainsi l'on peut dire que toute la partie méridionale de l'Espagne se compose de trois chaînes, ou massifs montagneux, allongés de l'E.-N.-E. à l'O.-S.-O. : la chaîne silurienne au N., la chaîne métamorphique au S., et au milieu d'elles la chaîne secondaire et tertiaire. Quelles que soient les différences qui les distinguent, elles varient peu dans leur orientation. La première est de beaucoup la plus ancienne, soit relativement à l'âge de ses dépôts, soit par rapport à l'époque du redressement de ses couches. Son ancienneté se révèle par ces deux caractères, d'être la moins élevée des trois, et d'offrir cependant dans la position de ses couches plus de traces de bouleversement. Toutes les trois se relèvent quand on les suit de l'E. à l'O., mais d'une manière inégale. La chaîne calcaire, plus rapide, atteint son maximum d'élévation à la Sagra, à 72 kilomètres environ de Moratalla, et la chaîne métamorphique à la Sierra Nevada, c'est-à-dire à près de 250 kilomètres de son origine aux environs d'Orihuela. La ligne qui joint la Sierra Sagra à la Sierra Nevada, et qui les coupe obliquement, est dirigée du N. 35° E. au S. 35° O. La distance de ces deux points culminants en ligne droite peut être d'environ 140 kilomètres, et grâce à la grande pureté de l'air dans ces climats, nous pouvions du haut de la Sierra Sagra distinguer avec la plus grande netteté tous les détails de forme qui font la beauté des majestueuses montagnes de Grenade.

---

(1) M. A. de Linera, inspecteur des mines de la province de Malaga, et qui, dans le 2e volume de la *Revista minera*, a déjà publié un mémoire sur ce pays, nous a dit récemment y avoir trouvé des Ammonites qui lui paraissent jurassiques, notamment dans les escarpements de Gaitan, à l'extrémité occidentale de la Sierra d'Abdalajis et au col de los Alazores, sur la route de Malaga à Loja.

Coupe théorique suivant une ligne brisée partant d'Alcaraz à l'extrémité orientale de la Sierra Morena, se dirigeant vers la Méditerranée en passant par le Cerro de Almenara, le Calar del Mundo, la Sagra Sierra, la Sierra Maria, la Sierra de las Estancias, et venant aboutir sur le littoral entre Carthagène et le cap de Gates, sur une longueur d'environ 200 *kilomètres.*

Plateau de la Manche 1015. tr
Extrém. orientale de la Sierra Morena.
Rio-Guadalmena, 778. s
Alcaraz, 96'.
Vianos, 1135. t
Cerro de Almenara, 1800. tr
Rio-Mundo.
El Calar del Mundo, 1660. c
El Ardel.
Yeste, 890.
Rio-Segura.
c
Nerpio, 1096. t
n
La Sagra Sierra c

La Sagra Sierra 2400. j
c
Huesca, 935.
Désert de Baza et de Cullar, environ 800. t
La Sierra Maria, 2035. j
Las Vertientes, 1116. t
Rio de Velez-Rubio. n
Sierra de las Estancias. m
t
Sierra de Almagro. m
Mer.

Signes conventionnels.

t Terrain tertiaire.	c T. crétacé.	tr T. triasique.	m T. métamorphique.
n T. nummulitique.	j T. jurassique.	s T. silurien.	

S'il ne nous reste aucune incertitude sur l'âge de la Sierra Morena ni sur celui de la chaîne calcaire moyenne, il n'en est pas de même de la chaîne méridionale, qui suit le littoral de la Méditerranée, et que nous appelons métamorphique ou métallifère. La plupart des auteurs qui en ont parlé l'ont rapportée tout entière, et à tort selon nous, à l'époque silurienne. En l'absence de corps organisés, il est sans doute difficile de se former une conviction bien motivée ; mais si l'on recherche dans le pays même, en dehors du centre métamorphique, les terrains qui ont à peu près la même composition minéralogique, on est aussi frappé des analogies qui rapprochent les roches de la chaîne méridionale de celles du trias, que des différences qui les distinguent du système silurien.

Si, en effet, on suit le système silurien de la Sierra Morena dans toute son étendue, on n'y rencontre partout que des roches quartzo-schisteuses, à peu près privées de calcaires et pénétrées çà et là par des granites.

L'uniformité de cette constitution pétrographique est un caractère constant depuis Alcaraz jusqu'au cap Saint-Vincent.

Ce qui distingue, au contraire, la chaîne métamorphique, c'est, d'une part, l'abondance des calcaires et des dolomies qui manquent précisément dans la Sierra Morena, et de l'autre, l'absence de ces masses granitiques qui y accompagnent toujours les roches siluriennes. Lorsque deux systèmes de roches placés près l'un de l'autre sont aussi différents, est-il rationnel de les considérer comme contemporains, surtout quand ils conservent leurs caractères différentiels sur une grande étendue de pays?

Si l'on compare, au contraire, la composition minéralogique de la chaîne métamorphique avec celle du trias, sur le revers septentrional du massif calcaire, soit entre le Rio-Mundo et le Rio-Guadarmena, soit entre Veas et Chiclana, ou près d'Alcaraz, on reconnaît alors entre elles la plus grande analogie. Dans ces localités, le trias se compose de grès et de marnes rouges d'une énorme épaisseur, accompagnés de calcaires très puissants, c'est-à-dire d'un ensemble de roches qui, soumises aux causes qui ont produit le métamorphisme en grand, ont pu facilement se transformer en schistes satinés, en schistes siliceux, en quartzites et en calcaires magnésiens ou saccharoïdes (1).

En outre, dans l'une et l'autre région, les mêmes roches d'érup-

---

(1) Les calcaires métamorphiques sont souvent bleuâtres, et rappellent les marbres bleus turquins de l'Italie, qui, comme l'ont prouvé les géologues toscans, font partie d'une formation triasique altérée.

tions ont percé les dépôts stratifiés. Les diorites, si souvent en dykes au milieu du trias, ne peuvent être distingués de ceux qui pénètrent les roches métamorphiques, et, comme ces derniers, ils sont quelquefois accompagnés de cuivre.

Si l'on admet la supposition, peut-être hardie et un peu prématurée, que les roches de la chaîne métamorphique, ou du moins une partie, ne sont autres que celles du trias dans un grand état d'altération, on sera frappé, en jetant les yeux sur notre carte géologique, de la symétrie qu'offrirait alors la distribution géographique des terrains dans cette partie de l'Espagne.

En effet, le massif situé entre la Sagra et la ville de Segura, qui comprend principalement la haute vallée de la Segura, représenterait le centre d'un bassin géologique où les dépôts nummulitiques seraient flanqués, au N. comme au S., par la craie, les couches jurassiques, et enfin par les grès, les marnes et les calcaires du trias d'Alcaraz, qui trouveraient alors leurs équivalents dans les quartzites, les schistes et les calcaires de la région métamorphique, ou du moins dans une partie de ces puissants dépôts.

Répartition des terrains dans la province de Murcie. — Les terrains que nous avons le plus étudiés sont ceux de la région moyenne comprise entre les régions silurienne et métamorphique dont nous venons de parler. Ils recouvrent la plus grande partie de la province de Murcie, et l'on y reconnaît le trias, les formations jurassique et crétacée, et enfin les dépôts nummulitiques et miocènes. Nous dirons ici, en terminant, ce qu'ils nous ont offert de plus important.

Trias. Fortement relevé à l'O. de Moratalla, comme on l'a vu, le sol s'abaisse vers le centre de la province pour se relever à l'E. et former les chaînes de Salinas, de Carche, de la Pila et de Crevillente, sur la limite du royaume de Valence. Ces montagnes, qui atteignent 1300 et 1400 mètres, sont généralement composées de calcaires crétacés ou nummulitiques ; mais ce qu'il y a de remarquable, c'est que leurs couches sont moins dérangées que dans la basse région. Cette dernière, au centre de laquelle se trouvent les villes de Hellin et de Zieza, offre une surface très inégale, traversée par des chaînes de 500 ou 600 mètres de hauteur, isolées ou reliées entre elles, et dirigées à peu près de l'O. N.-O. à l'E.-S. E.

Elles semblent avoir été fortement dégradées avant et pendant l'époque miocène, si l'on en juge par l'épaisseur des dépôts de cet âge qui, enveloppant leur base, les séparent souvent les unes des autres. Le résultat de cette dénudation a été d'enlever les calcaires jurassique et crétacé, et d'amener au jour le trias, dont les parties solides sont restées en saillie, en affectant la forme de chaînes calcaires, et dont les parties tendres ont été souvent recouvertes par les dépôts miocènes. Les gypses et les sels si caractéristiques du keuper abondent dans toute cette basse région, entre Zieza et Moratalla.

Les grès ne se rencontrent que vers les bords du côté d'Alcaraz, et dans le voisinage du système silurien qui servait de rivage aux dépôts triasiques.

Rien n'est moins régulier que la succession des terrains dans cette contrée. Des dénudations fréquentes ou des oscillations du sol, survenues à toutes les époques, ont mis souvent en contact des dépôts fort éloignés dans l'échelle géologique. Ainsi le trias est recouvert par les couches jurassiques, près d'Hellin, par la craie au pied du Carche, à l'E. de Jumilla, par les roches nummulitiques aux salines de Calasparra et dans toutes les montagnes des environs de Zieza, enfin, par les dépôts miocènes marins au pied du Mugron d'Almansa.

Le trias est le seul de ces dépôts qui ait été traversé par des roches éruptives. Celles-ci sont ordinairement des diorites qui forment seulement des masses peu apparentes à la surface du sol. Nous en avons rencontré souvent au fond des vallées, notamment sur la route de Bonete à Almansa, aux salines de la Rosa, près de Jumilla, aux salines de Calasparra, dans les montagnes au S. de Zieza, entre Caravaca et Cehegin, et enfin à Cehegin même. Sur ce dernier point la diorite est accompagnée d'une masse considérable de fer oligiste.

Les fossiles sont toujours très rares dans les calcaires triasiques de l'Espagne, et, comme dans nos précédents voyages, nous en avons peu trouvé cette année. Nous citerons seulement, parmi les localités fossilifères, les salines de Calasparra et de Villaverde, près de Siles, les environs de Bonete, de Cehegin, de Hornos près de Segura, et enfin ceux d'Alcaraz. Nous y avons trouvé la *Myophoria Goldfussi*, la *Gervillia socialis*, le *Monotis Alberti*, et une *Ostrea* voisine de l'*O. multicostata*.

Le trias nous a offert une circonstance qui prouve avec quelle circonspection il faut procéder quand on juge de l'âge relatif des montagnes par les caractères de la stratification.

Nous avons assez souvent remarqué en Espagne que les couches redressées dans les montagnes sont les mêmes que celles qui s'étendent horizontalement à leur pied. Ainsi les grès rouges et les calcaires disloqués de la chaîne d'Almenara, entre Riopar et Alcaraz, sont horizontaux sur le revers septentrional et sur le plateau de la Manche. La force perturbatrice a été limitée à la zone montagneuse, et n'a exercé aucune action en dehors. Si l'on suppose maintenant, ce qui peut et doit même arriver quelquefois, que la limite de l'action dynamique coïncide sur le sol avec la limite de deux formations, on comprend dans quelle erreur on pourrait tomber.

Si, par exemple, la ligne de contact de la formation jurassique et du trias passait par Alcaraz, ne pourrait-on pas, en voyant la première horizontale et le second redressé, en conclure qu'il y a discordance entre ces deux dépôts, et faire correspondre à cette prétendue discordance l'apparition de la chaîne qui, cependant, serait peut-être beaucoup plus récente ?

Formation jurassique. — Dans la partie basse et centrale du royaume de Murcie, où la dénudation a été la plus prononcée, la formation jurassique n'existe qu'en lambeaux, tels que ceux de Hellin et de la Sierra del Rollo ; mais à l'O. elle forme les hautes montagnes d'Espuña, de Maria près de Velez-Rubio, de Jabalcol près de Baza, et enfin paraît constituer la limite méridionale du grand massif de la haute Segura, depuis Moratalla jusqu'à la Sagra. Plus à l'ouest encore, elle pénètre dans les montagnes de Jaën et de Ronda pour se terminer à Gibraltar.

La direction principale de la bande jurassique de l'Espagne méridionale, soit dans les chaînes isolées, comme celle de Maria, soit dans l'ensemble de ses affleurements, est environ de l'E. 25° N. à l'O. 25° S. C'est à peu près la direction de la ligne qui unirait Gibraltar et l'île de Mayorque ou les deux extrémités de cette zone jurassique. Cette direction est bien rapprochée de celle des Alpes principales, dont le grand cercle de comparaison, suivant M. E. de Beaumont, coupe le méridien de Cordoue avec l'orientation E. 22° N.

Au point de vue paléontologique, cette zone est moins riche que celle de l'Aragon et de l'ancien royaume de Valence. Les fossiles oxfordiens y sont cependant assez abondants, surtout à Caravaca, dans les Sierras d'Espuña, de Maria et de Jabalcol; ceux de l'oolithe inférieure et du lias sont plus rares, et ne renferment pas autant de brachiopodes que dans le Nord. Enfin la partie supérieure de la formation ou le Kimmeridge-clay nous a offert aussi quelques espèces, telles que *Homomya hortulana*, Ag.; *Ceromya excentrica*, id.; *C. inflata*, id.; *Cardium dissimile*, Sow., que nous avons recueillies entre Chinchilla et Almansa, ainsi qu'à l'O. d'Ayora, vers le bord de la bande jurassique.

Sous le rapport minéralogique, la formation jurassique se compose principalement de calcaire jaunâtre ou gris, plus ou moins pur, compacte, lithographique, et de calcaire légèrement marneux. Il y a peu de marnes et presque point de grès (1).

Formation crétacée. — L'étage néocomien est moins développé dans le royaume de Murcie que dans celui de Valence; la formation crétacée y est représentée le plus souvent par de puissants calcaires où l'on trouve çà et là les *Ostrea columba* et *biauriculata*, des Radiolites voisins du *R. polyconilites*, des *Requienia*, etc. Au-dessous on voit souvent affleurer des sables et grès à lignite. Ces lignites sont analogues par leur position à ceux de l'île d'Aix, et les calcaires qui les surmontent représentent la partie inférieure de la craie du S.-O. de la France.

Formation nummulitique. — Si, dans le sud de l'Espagne, le trias, au lieu d'être régulièrement recouvert par les dépôts jurassiques, l'est souvent par des dépôts plus récents, il en est de même de la formation jurassique et de la craie. Cette dernière venant à manquer, ou ayant été dénudée, les calcaires jurassiques sont directement recouverts par les couches nummulitiques (Sierra d'Espuña, environs de Velez-el-Rubio).

Ces dernières, dans le sud de l'Espagne, diffèrent sensiblement, au point de vue minéralogique, de celles qui leur sont contemporaines dans le Nord. Les macignos et les conglomérats, si puissants en Catalogne, le sont moins ici, et cèdent la place à des masses considérables d'un calcaire dur, compacte et difficile à distinguer des calcaires jurassiques ou crétacés sous-jacents. Cette modification est d'ailleurs conforme avec ce caractère général, que tous les dépôts marins sont plus calcaires au sud de l'Europe qu'au nord.

Quant à sa répartition géographique, la formation nummulitique offre ceci de remarquable, qu'elle suit le littoral de la Méditerranée, et borde la Péninsule sans pénétrer sur le plateau central. Elle s'avance cependant ici assez loin de la côte méridionale, puisque nous avons constaté son existence sur le revers nord de la Sagra, entre la Puebla de Don Fadrique et Hornillo, où elle atteint 1,800 mètres d'altitude. Sur les pentes de la Sierra d'Espuña on la trouve encore à environ 1,300 mètres.

Les fossiles sont en général plus rares dans les couches nummuli-

---

(1) Les lecteurs qui désirent avoir plus de détails sur la formation jurassique du sud de l'Espagne, les trouveront dans le VIIe volume de l'*Histoire des progrès de la géologie*, où M. d'Archiac a bien voulu insérer nos observations, en leur donnant l'étendue que comporte son ouvrage.

tiques du sud que dans celles de la Catalogne. Cependant on y trouve beaucoup d'Oursins et de Nummulites, parmi lesquels nous citerons l'*Echinolampas ellipsoidalis* d'A., le *Schizaster Newboldi* d'A., les *Nummulites Ramondi* et *perforata*.

Formation tertiaire miocène. — Les couches de cet âge sont lacustres ou marines. Celles-ci suivent plus particulièrement la région littorale, tandis que celles-là se sont déposées dans des lacs qui occupaient principalement le centre même de la Péninsule. Ces dernières sont plus étendues que les premières. Aussi l'époque miocène peut-elle être appelée, en Espagne, l'époque des grands lacs.

La formation marine est très développée dans le royaume de Murcie et sur la frontière des provinces voisines. Les fossiles y sont abondants, mais presque toujours à l'état de moules, empâtés dans le calcaire. Les Huîtres et les Oursins y ont seuls conservé leur test, et l'on peut facilement y reconnaître le *Clypeaster altus* et l'*Ostrea crassissima* Lam., la plus grande des Huîtres connues. Les Nummulites y manquent complétement.

Près du littoral, les couches marines miocènes offrent des alternances de mollasse, de grès, de marnes et de calcaires grossiers ; dans l'intérieur du pays le calcaire prédomine ; le sol est d'une grande stérilité, surtout quand il est mélangé de marnes gypseuses, comme cela arrive trop souvent. Les plus affreuses steppes du royaume de Murcie sont composées de dépôts tertiaires miocènes. Cette formation s'avance un peu plus au nord que la formation nummulitique, car elle pénètre jusqu'à Almansa, et de là se dirige à l'O. 10° à 12° S. par Chinchilla, Peñas de San-Pedro, jusqu'à Vianos, près d'Alcaraz Quelques lambeaux perdus çà et là dans les montagnes, à l'O. d'Alcaraz, comme celui de Veas, semblent indiquer qu'un bras de mer étroit allait se relier avec le golfe qui remplissait alors la vallée du Guadalquivir, et comme de Chinchilla à Murcie il existait un autre golfe, il en résulte que tout le massif méridional de la Sierra Nevada, ainsi que le massif calcaire de la Sagra, de Segura et des montagnes de Jaën, formaient une grande île escarpée et montagneuse, mais dont les montagnes, toutefois, étaient loin d'être aussi considérables que celles qui font aujourd'hui de ce pays la région la plus élevée de l'Espagne. En effet, la hauteur où l'on rencontre les calcaires miocènes marins, sans que leurs couches aient subi de grands dérangements, prouve que tout le pays a été soulevé en masse d'une quantité considérable. Voici quelques-unes des altitudes que nous avons mesurées : au Mugron d'Almansa le calcaire miocène avec fossiles est à 1,200 mètres au-dessus de la mer ; à Vianos, près d'Alcaraz, il atteint 1,135 mètres; à Peñas de San-Pedro, 1,080; près de Zacatin,

1,100, et à Cullar de Baza, 894. En supposant que la chaîne métamorphique ait existé à l'époque miocène, ce qui est très douteux, elle devait avoir 1,200 mètres de moins qu'aujourd'hui, toutes choses égales d'ailleurs.

En résumé, au milieu des accidents si compliqués qu'offre la partie de l'Espagne que nous avons parcourue, ce qui frappe le plus, c'est le peu d'ancienneté relative de la plupart d'entre eux.

Les deux chaînes qui ont pour massifs culminants la Sierra Nevada et la Sierra Sagra de Huescar sont, du moins en grande partie, postérieures aux dépôts miocènes marins; sur certains points même, comme à Alcoy, les dépôts pliocènes sont redressés. La Sierra Morena seule est très ancienne; aussi les terrains tertiaires et secondaires n'y ont-ils pas pénétré. On doit remarquer cependant que, malgré cette différence d'âge, elle partage à peu près la direction des deux autres, E.-N.-E. à O.-S.-O.

Cette direction, si fortement marquée dans le sud de l'Espagne, fait un angle presque droit avec une des autres directions principales de la Péninsule, laquelle ne se dessine bien que sur une carte géologique. On voit, en effet, depuis Siguenza, et surtout depuis le Moncayo jusque près d'Almansa, tous les terrains se coordonner à une ligne dirigée du N.-N.-O. au S.-S.-E., que marquent parfaitement le cours du Xiloca et les deux chaînes de terrain paléozoïque situées à l'E. et à l'O. de Daroca. Dans cette zone, comme dans la partie méridionale de l'Espagne, on observe des redressements qui affectent les dépôts les plus récents, ou au moins les couches lacustres de l'époque miocène. Ainsi entre Alfambra, Aguaton et Rubielos au N. de Teruel, les dépôts lacustres, appuyés sur le calcaire jurassique de la Peña Palomera, ont été dérangés et portés à 1,200 mètres d'altitude. Près de Deza, au nord d'Ariza, sur la route de Madrid à Saragosse, les conglomérats et les marnes lacustres sont encore fortement relevés; mais ils ne le sont qu'au contact de la falaise crétacée contre laquelle ils s'appuient, car, à une très petite distance, ils reprennent leur horizontalité. L'Espagne, dirons-nous donc en terminant, paraît avoir été depuis longtemps le théâtre de nombreuses révolutions physiques, d'oscillations qui ont changé la forme des mers et des rivages. Aux plus anciennes de ces révolutions il faut attribuer les irrégularités observées dans la superposition des dépôts, et les interruptions qui ont mis en contact immédiat des terrains d'âge très différent, tandis qu'aux plus récentes sont dues la plupart des chaînes de montagnes, qui sillonnent aujourd'hui cette belle péninsule.

Note relative au tableau des mesures hypsométriques.

Les instruments dont nous nous sommes servis pour nos mesures hypsométriques sont deux excellents baromètres de Fortin, construits par Ernst et Fastré, qui ont résisté à toutes les vicissitudes d'un voyage de sept semaines dans les montagnes, et surtout à un long trajet en diligence. Avant notre départ de Paris, ils ont été comparés et réglés avec celui de l'Observatoire impérial ; puis, à Madrid, nous les avons également comparés à celui de l'Observatoire de cette ville, sous les auspices bienveillants de son directeur, M. Rico y Sinobas. Les instruments de cet établissement sont d'origine anglaise, et construits avec le plus grand soin.

Nos deux baromètres, placés à côté de celui de M. Rico, au rez-de-chaussée de l'Observatoire, marquaient à Madrid, le 22 avril,
à 3 h. du soir. . . . . 704^{mm},25 TB 15°
celui de l'Observatoire marquait . . . . 705^{mm},20 TB 14°,2

Le lendemain, la même opération a donné :

pour les baromètres Fortin . . . . 704^{mm},30 TB 14°,5
pour le baromètre de M. Rico . . . . 705^{mm},36 TB 14°,2

Il y avait donc une différence moyenne d'environ 0^{mm},001 en plus pour le baromètre anglais ; différence dont nous avons tenu compte plus tard.

Nous avons ensuite fait la même vérification à l'École des mines de Madrid, où notre ami, M. Casiano de Prado, a organisé un service d'observations météorologiques régulières ; ces instruments sont d'origine française, ils sont placés au premier étage de l'École des mines. Le 22 avril, à 6 h. du soir,

nos baromètres marquaient . . . . 705^{mm},25 TB 18°
celui de M. Casiano de Prado . . . . 705^{mm},52 TB 15°,8

Nous étions donc d'accord avec l'École des mines, à une petite fraction près. Cette École est située *Calle del Florin*, à environ 10 mètres au-dessous de l'Observatoire.

Sous la direction de M. Rico y Sinobas, les observations, dans ce dernier établissement, se font toutes les heures, depuis 6 heures du matin jusqu'à 7 heures du soir, tandis qu'à l'École des mines elles se font quatre fois par jour : à 9 heures du matin, à midi, à 3 et à 6 heures du soir.

Quant à la hauteur absolue de Madrid, MM. Casiano de Prado et

Rico y Sinobas pensaient que, à défaut de mesures trigonométriques, nous pouvions adopter le chiffre de 650 mètres comme moyenne d'un grand nombre d'observations. C'est celui qui figure sur notre tableau.

Dans le cours de notre voyage, les neiges que nous avons rencontrées sur les hautes montagnes, comme à la Sierra Sagra, à la Sierra Maria, etc., nous ont servi à vérifier le zéro de nos thermomètres.

Pour établir nos calculs, nous avons pris comme termes de comparaison deux localités assez éloignées l'une de l'autre : Madrid et Oran, en Afrique (1). Elles nous offraient cet avantage que, pendant la plus grande partie de notre voyage, en Andalousie et dans la province de Murcie, nous en étions placés à peu près à égale distance.

Les chiffres que nous avons ainsi obtenus présentent souvent, pour le même lieu, des différences d'altitude assez considérables qui proviennent de l'inégalité des oscillations barométriques à Oran et à Madrid. Les tableaux météorologiques que publie M. Leverrier dans les journaux quotidiens nous ont démontré combien la marche du baromètre est souvent irrégulière d'un bout de la France à l'autre. Nos propres observations, depuis trois ans que nous voyageons avec des baromètres, nous ont fait voir qu'il en est de même en Espagne. Il arrive assez souvent que, là où nous passons la nuit, nous notons un abaissement d'un ou de plusieurs millimètres, tandis qu'à Madrid il y a eu, dans le même temps, un mouvement contraire.

C'est pour obvier, autant que possible, à ces inconvénients, que nous avons combiné les chiffres obtenus par Oran avec ceux obtenus par Madrid, et que nous en avons pris la moyenne qui figure dans notre seconde colonne. Il est à remarquer que les écarts des deux chiffres diminuent quand nous nous trouvons sur des montagnes, comme si, dans les grandes hauteurs, la marche du baromètre était plus régulière et moins soumise à des influences accidentelles que dans les lieux peu élevés.

---

(1) Les observations d'Oran faites par M. Aucour, au moyen d'un baromètre comparé à l'Observatoire de Paris, nous ont été fournies avec une extrême obligeance par M. Renou, et nous saisissons cette occasion pour lui en faire ici nos remercîments, ainsi qu'à MM. Casiano de Prado et Rico y Sinobas. Le baromètre de M. Aucour est à 50 mètres au-dessus de la Méditerranée.

Tableau des mesures hypsométriques prises en 1855, dans le S.-E. de l'Espagne, par MM. de Verneuil et Collomb.

Mois et jours.	HEURES.	LIEUX D'OBSERVATION.	BAROMÈTRE réduit à zéro.	THERMOMÈTRE extérieur.	HAUTEUR au-dessus de la mer calculée par l'observatoire de Madrid.	HAUTEUR au-dessus de la mer calculée par une moyenne entre Madrid et Oran.	OBSERVATIONS.
			mm.		mètres.	mètres.	
Avril 25	7 s.	Alcazar de San-Juan	706,24	14,5	632	639	Trias. En supposant Alcazar à 639 mètres et Aranjuez à 486 mètres, comme l'indiquent nos mesures barométriques, la différence de niveau entre ces deux points serait de 153 mètres D'après le nivellement des ingénieurs du chemin de fer, elle est de 157 mètres.
26	5 1/2 m.	Albacete. (Au chemin de fer). . .	701,23	6	695	. . . .	Terrain tertiaire d'eau douce.
	»	Id. (A l'auberge de la Piedra).	700,81	7	698		
	12 m.	Id. id.	700,92	15,5	696	696	
	»	Id. (Au chemin de fer).	701,14	15	692	693	
	8 s.	Id. (A l'auberge).	700,25	13	689	. . . .	La moyenne de trois observations donne 694 mètres.
27	5 1/2 m.	Id. (Ibid.).	701,14	8	718	. . . .	A Albacete le baromètre a monté, pendant la nuit, de 0,89 millimètres, tandis qu'à Madrid il aurait monté de 3,40, d'après la notation de l'Observatoire, et de 2,31 d'après l'École des mines. Cette difference explique ce chiffre de 718 mètres, qui nous paraît trop élevé.
	10 3/4 m.	Château de Chinchilla.	678,83	14,5	974	975	Calcaire miocène marin.
	3 s.	Venta del Carcel.	687,37	15	852	857	Terrain jurassique supérieur, étage de Kimmeridge.
	7 s.	Villar	683,56	10	892		
28	6 m.	Id.	683,74	7	902	. . . .	En moyenne 897 mètres.
	8 m.	Sommet du Monpichel.	667,21	10	1113	1115	Craie? avec bivalves.
	9 1/2 m.	Cantine (à la base de la montagne).	680,07	13	958	960	
	12 1/2 s.	Petrola.	684,84	13	888	. . . .	Orage.
	6 s.	Saline de la Higuera.	684,56	9,5	873	. . . .	Lac de sulfate de magnésie.
	7 1/2	Venta de la Higuera.	685,42	9,5	862		
29	6 m.	Id.	684,84	10	879		

	9 m.	Château de Montealegre.	685,85	13	873	. . . .	Muschelkalk et gypse reposant sur des grès rouges.
	1 s.	Bonete.	682,66	13,5	913	. . . .	Tertiaire marin (miocène). Orage.
	11 m.	Chisnar de Bonete.	667,64	12	1103	. . . .	Brèche probablement tertiaire.
	6 s.	Venta de la Vega.	693,10	7	788	. . . .	Limite du terrain tertiaire et du trias.
	7 s.	Id.	692,74	7	787		
30	5 m.	Id.	694,32	0	791	. . . .	Gelée blanche.
	9 m.	Mugron d'Almansa.	659,63	7	1217	1210	Tertiaire marin, miocène, avec *Clypeaster altus*.
	1 s.	Sommet de la Sierra de Meca. . .	663,78	13	1163		
	6 s.	Almansa (posada del Moreno). . .	700,22	10	702	705	Dolomies du trias.
Mai.	6 1/4 s.	Id. au débarcadère du chemin de fer.	699,39	10	710		
1	6 m.	Id. à la posada.	700,44	9	689	. . . .	Temps très couvert.
	3 s.	Yecla, posada del Sol.	704,73	13,5	600	613	
	5 s.	Castillo de Yecla.	691,91	12	748	763	
2	6 m.	Yecla, posada del Sol.	701,73	8	575	. . . .	Temps couvert. L'inégalité du mouvement de la colonne barométrique, pendant la nuit, à Yecla et à Madrid, explique la différence des deux chiffres qui expriment l'altitude de Yecla. Le baromètre a baissé de 3 millimètres à Yecla et de 5,55 à Madrid.
	6 s.	Jumilla, posada nueva.	708,88	12,5	480	499	Craie. Orage.
3	5 m.	Id.	709,70	9	487	. . . .	Ciel pur.
	8 m.	Convent de Santa-Anna.	695,80	12	650	652	Calcaire magnésien crétacé.
	9 1/2 m.	Sommet de la Sierra de Santa-Anna.	671,96	14	942	948	Id. Source à 12°.
	6 s.	Jumilla.	707,48	14	494		
4	6 m.	Id.	706,51	11	496	. . . .	Ciel couvert (moyenne 491 mètres).
	12 m.	Saline de la Rosa.	698,92	13	573	. . . .	Contact des marnes salifères triasiques et de la craie.
	2 s.	Sommet du Carche.	635,91	10	1350	1380	Dolomie crétacée. Orage. Le 4 mai a été un jour de grande dépression dans la colonne du baromètre, et cette dépression a été plus marquée à Madrid qu'à Oran, ce qui explique l'écart de nos deux chiffres. Le second (1380 mètres), résultat de la moyenne entre les calculs par Madrid et par Oran, doit être le plus près de la vérité.
	5 s.	Saline de la Rosa.	697,88	13	583	604	
	9 s.	Id.	700,93	. . .	568		
5	5 m.	Id.	704,23	9	569	. . . .	Moyenne 579. La hauteur du Carche au-dessus de la maison du directeur de la saline est de 778 mètres.

Mois et jours.	HEURES.	LIEUX D'OBSERVATION.	BAROMÈTRE réduit à zéro.	THERMOMÈTRE extérieur.	HAUTEUR au-dessus de la mer calculée par l'observatoire de Madrid.	HAUTEUR au-dessus de la mer calculée par une moyenne entre Madrid et Or. n.	OBSERVATIONS.
Mai.			mm.		mètres.	mètres.	
5	1 3/4 s.	Sierra de la Pila (premier sommet).	654,11	14	1224	1252	Dolomies et brèches.
	2 s.	Id. (deuxième sommet). . . .	651,86	14	1254	1282	Le chiffre de 1282 mètres est très probablement celui de la hauteur absolue de la Pila.
	8 s.	Fortuna.	743,72	15	174	. . . .	Tertiaire marin, miocène. Volcan éteint au sud du village avec un petit cratère. Le baromètre pendant la nuit du 5 au 6 est monté de 4 1/2 millimètres à Madrid, et de 2 1/2 à Fortuna.
6	5 1/2 m.	Id.	746,68	12	197		
	12 1/2 s.	Orihuela, posada de la Pisana. . .	762,28	20	29	. . . .	La rivière Segura est à 5 à 6 mètres plus bas que la ville.
	2 s.	Id.	762,03	20	31		
	9 1/2 s.	Id.	765,19	16	17		
7	5 m.	Id.	765,15	13	35	. . . .	Moyenne 28 mètres.
	2 s.	Murcie, posada de San-Antonio. .	761,73	20	36	40	Terrain d'alluvion.
	10 s.	Id.	761,08	18	48		
8	9 m.	Id.	761,09	16,5	55	51	
	1 s.	Id.	759,90	18	51		
	4 1/2 s.	Puerto de la Cadena.	731,64	20,5	366	. . . .	Point le plus haut de la route de Murcie à Carthagène. Schistes et calcaires métamorphiques percés par des diorites, et recouverts par des mollasses tertiaires.
	5 1/2 s.	Castillo del Puerto.	717,31	17	538		
	8 1/2 s.	Murcie.	760,63	15	45	. . . .	Moyenne 53 mètres. Cette moyenne est peut-être un peu forte à cause du chiffre élevé que nous donnent les calculs du 9 mai au matin. Ce chiffre tient à ce que dans la nuit du 8 au 9 mai le baromètre a baissé de 1,47 millimètres à Murcie, tandis qu'il a monté de 1,35 millimètres à Madrid.
9	5 m.	Id.	759,16	13	86	. . .	Grand vent du nord.

	2 s.	Lebrilla	748,06	26	182	. . . .	Terrain tertiaire, salines.
	8 s.	Alhama.	744,83	24	236	. . . .	Eaux minérales à 42 degrés, conglomérat tertiaire.
10	5 m.	Id.	745,69	21	230	. . . .	Vent violent du nord-ouest. Ciel pur.
	12 m.	Sommet de la sierra d'España. .	636,99	18	1580	1582	Calcaire nummulitique appuyé sur le terrain jurassique
	1 s.	Id.	636,58	18	1581	1583	A 180 mètres au-dessous du sommet, source à 9°.
	7 s.	Ferme (Cortijo) de Malvariche. . .	691,26	17	847	. . . .	Calcaire et marnes nummulitiques. Ciel pur.
11	5 m.	Id.	689,73	13,5	854		
	12 m.	Aledo	709,24	29	604	. . . .	Conglomérat tertiaire.
	8 s.	Lorca	730,45	23	350	. . . .	Contact des schistes métamorphiques et du terrain tertiaire (miocène marin) avec fossiles.
12	5 m.	Id.	730,49	20	355		
	12 m.	Id.	731,64	20	347	349	Ciel nuageux.
	6 s.	Id.	732,19	18	340	340	
13	5 m.	Id.	734,98	10	340	. . . .	Moyenne 346 mètres. Ciel pur.
	10 1/2 m.	Venta del Rio.	722,64	22	472	. . . .	Tertiaire marin (miocène).
	9 s.	Ferme (Cortijo) de la Culebrina. .	690,23	15	830	. . . .	Calcaire oolithique très blanc et tendre.
14	5 m.	Id.	689,60	10	841		
	8 m.	Sommet du Gigante	639,25	12	1493	1449	Calcaire oolithique. Cette montagne est la plus haute de la Sierra Colubrina.
	3 s.	Velez-Rubio, posada du duc d'Albe	690,30	21	832	844	Terrain nummulitique.
	9 s.	Id.	690,34	. . .	823		
15	5 1/2 m.	Id.	687,41	14	827	. . . .	Fort vent d'ouest.
	6 1/2 s.	Id.	686,05	14	824	844	
16	6 m.	Id.	686,83	8	823	. . . .	Moyenne 831 mètres.
	8 1/4 m.	Rambla de Volaime.	675,42	9	968	. . . .	Beaux oliviers. Fort vent d'ouest.
	8 1/2 m	Molino de la cuesta d'Oria. . . .	681,82	10	900	. . . .	*Agave americana.*
	12 1/2 s.	Col d'Oria.	663,79	12	1122	. . . .	Schistes métamorphiques (siliceux et micacés) avec calcaire subcristallin.
	3 s.	Oria.	670,14	11	1040	1065	Schistes métamorphiques. L'*Agave americana* croît encore à cette hauteur, mais avec peine, et elle n'atteint pas sa taille ordinaire.
	6 s.	Cerro de los Azulares.	643,04	5	1389	. . . .	Calcaire dolomitique, bleu.
17	6 m.	Oria.	673,37	6	1056	. . . .	Moyenne 1053. A 120 mètres plus bas qu'Oria, source à 14°.
	10 1/4 m.	Lucar.	686,86	15	910	. . . .	Schistes métamorphiques et calcaire saccharoïde. Le terrain miocène marin existe dans le voisinage.

Mois et jours.	HEURES.	LIEUX D'OBSERVATION.	BAROMÈTRE réduit à zéro.	THERMOMÈTRE extérieur.	HAUTEUR au-dessus de la mer calculée par l'observatoire de Madrid.	HAUTEUR au-dessus de la mer calculée par une moyenne entre Madrid et Oran.	OBSERVATIONS.
Mai.			mm.		mètres.	mètres.	
17	5 1/2 s.	Niveau du rio de Baza	693,92	14	822	. . . .	Ce rio se jette dans le Guadalquivir. Terrain tertiaire.
	6 s.	Baza, posada del Sol.	694,64	13	855	. . . .	Tertiaire d'eau douce. Près de la ville on a trouvé quelques restes de grands mammifères que M. A. de Linera nous a dit avoir vus au musée de Grenade.
18	6 m.	Baza.	693,79	7	845		
	10 m.	Llano de Cati au pied du Jabalcol.	682,79	15	982	982	Limite supérieure du terrain tertiaire (d'eau douce).
	12 m.	Sommet du Jabalcol.	642,05	13	1496	1500	Calcaire jurassique.
	3 1/2 s.	Rio de Baza.	703,64	. . .	710	. . . .	Tertiaire lacustre.
	7 s.	Cullar.	687,86	14	894	. . . .	Tertiaire marin (pliocène?).
19	6 m.	Id.	688,31	7	882	. . . .	Moyenne 888 mètres.
	11 m.	Las Vertientes.	669,69	15	1117	1116	Source à 13°,5. Terrain nummulitique.
	12 m.	Point de partage des eaux entre la Méditerranée et l'Océan, sur la route de Velez.	667,73	15	1137		
	3 s.	Chirivel	673,96	17	1042	1046	Terrain miocène.
	7 s.	Casa del Collado de la Sierra Maria.	646,68	9,5	1368	. . . .	Calcaire jurassique, Ammonites de l'étage oxfordien.
20	5 1/2 m.	Id.	644,65	10	1362		
	10 m.	Sommet de la Sierra Maria. . . .	595,10	10	2039	. . . .	Calcaire jurassique.
	12 m.	Deuxième pic, id.	595,46	12	2033		
	2 s.	Virgen de la Cabeza (Ermitage). .	645,02	18	1354		
	6 1/2 s.	Maria.	656,21	16	1183	. . . .	Tertiaire miocène. Dans la nuit du 20 au 21 mai, le baromètre à Madrid a monté de 0,37 millimètres, tandis qu'à Maria il a baissé de 1,75 millimètres.
21	7 m.	Id.	655,27	11	1191	. . . .	Moyenne 1187 mètres.
	4 1/2 s.	Rivière de Huescar.	679,04	18	915	920	
	5 s.	Huescar.	675,48	17	959	964	Limite des terrains tertiaire et crétacé.
22	7 m.	Id.	679,73	10	962		

	6 s.	**Huescar.**	681,02	14	950	947	
23	5 m.	Id.	682,45	12	950	. . . .	Moyenne 955 mètres.
	10 m.	Ferme (Cortijo) del Agua-Alta.	643,81	19	1458	1461	Calcaire jurassique (lias).
	1 s.	Sommet de la Sierra Sagra. . . .	574,80	7,5	2398	. . . .	Calcaire jurassique.
	2 s.	Id.	574,45	10	2403	2402	
	3 1/2 s.	Id.	574,22	9,5	2397	2399	Moyenne 2400 mètres.
	6 s.	Cortijo del Agua-Alta.	642,23	13	1437	1452	
24	6 m.	Id.	641,89	9	1425	. . . .	Moyenne 1438 mètres.
	9 m.	Ermitage de las Santas.	656,36	14	1258	1268	Terrain crétacé.
	12 m.	La puebla de Don Fadrique. . . .	663,25	18	1164	. . . .	Vallée d'alluvion ; beaux oliviers.
	2 1/2 s.	Id.	662,52	18	1161	1177	
	5 1/2 s.	Id.	662,07	17	1160	1178	
	7 1/2 s.	Id.	662,53	16	1153		
25	5 m.	Id.	661,94	9	1160	. . . .	Moyenne 1165 mètres.
	9 1/4 m.	Puerto del Hornillo	622,89	12	1680	1672	Calcaire et grès avec Nummulites et Oursins.
	4 s.	Hornillo.	649,07	12	1320	1315	Terrain nummulitique ?. Orage.
26	5 m.	Id.	648,13	10	1308	. . . .	Moyenne 1314 mètres.
	6 s.	Nerpio.	665,74	15	1096	. . . .	Terrain miocène marin. Vent violent du nord-ouest.
27	5 m.	Id.	667,84	6	1087	. . . .	Moyenne 1091 mètres.
	11 m.	Saline de Zacatin.	666,28	14	1120	. . . .	Trias qui pointe au milieu du terrain miocène marin.
	7 s.	Moratalla	704,55	17	644	. . . .	Calcaire jurassique et terrain miocène? sans fossiles.
28	5 1/2 s.	Id.	703,21	10,5	658	. . . .	Moyenne 654. Les Agaves et les Opuntias croissent à 70 mètres au-dessus de Moratalla.
	8 1/2 s.	Caravaca.	710,04	17	555	. . . .	Trias.
		Montagne au sud est de Caravaca.	694,16	16	739	. . . .	Calcaire oxfordien avec beaucoup de fossiles.
	12 s.	Cehegin.	709,59	19	541	. . . .	Diorite et fer magnétique dans le trias.
	2 s.	Rivière de Cehegin.	713,55	18	500	. . . .	Source à 14°.
29	5 m.	Cehegin.	708,82	12	543		
	11 m.	Saline de Calasparra.	729,84	19	290	303	Trias; marnes irisées avec des calcaires fossilifères subordonnés et percés par des diorites.
	8 s.	Zieza, posada de las Monjas. . . .	738,67	17	169	. . . .	Trias surmonté par le terrain nummulitique.
30	5 m.	Id.	736,17	13	175		
	2 s.	Sommet de la Sierra de Lloro. . .	672,26	13	930	947	Orage. Trias percé par des diorites et entouré de terrain nummulitique.
	5 s.	Niveau du Rio-Segura à Zieza. . .	736,25	19	162	178	
	7 s.	Zieza.	734,95	17	180		
31	5 m.	Id.	737,87	11	167	. . . .	Moyenne 173 mètres.

Mois et jours.	HEURES.	LIEUX D'OBSERVATION.	BAROMÈTRE réduit à zéro.	THERMOMÈTRE extérieur.	HAUTEUR au-dessus de la mer calculée par l'observatoire de Madrid.	HAUTEUR au-dessus de la mer calculée par une moyenne entre Madrid et Oran.	OBSERVATIONS.
Mai.			mm		mètres.	mètres.	
31	8 3/4 m.	Puerto de la Mala-Muger.	719,56	16	383	. . . .	Terrain crétacé
	3 s.	Venta Matea.	716,22	14	443	459	Terrain miocène marin. Orage, tonnerre.
	7 s.	Hellin.	707,67	13	550	. . . .	Quelques rares palmiers dans les jardins. Il est rare de voir des palmiers à plus de 500 mètres au-dessus de la mer et aussi loin de la Méditerranée.
Juin.							
1	5 m.	Id.	706,82	8,5	570		
	11 m.	Id.	707,05	11	574	578	Pluie.
	6 s.	Id.	708,17	9,5	571		
2	5 m.	Id.	709,32	8	591	. . . .	Moyenne 572. Il a neigé pendant la nuit dans les montagnes où naissent les rivières Segura et Mundo.
	8 m.	Moulin sur la rivière Mundo. . .	722,54	11	440	442	Terrain tertiaire d'eau douce avec fossiles, vent violent.
	12 m.	Saline de Socobos.	725,33	16	404	409	
	1 1/2 s.	Niveau de la rivière Segura. . . .	728,24	16	370	. . . .	Terrain miocène.
	7 s.	Socobos.	698,63	15	738	. . . .	Ciel pur, oliviers, grès et conglomérats tertiaires.
3	5 m.	Id.	700,56	12	740		
	8 m.	Loma de Abejuela.	688,37	15	891		Conglomérat et calcaire d'eau douce.
	4 s.	Niveau de la rivière Segura. . . .	716,25	24	550	. . . .	Terrain crétacé.
	6 s.	Yeste.	687,96	19	890	. . . .	Terrain crétacé avec traces de lignites. On voit encore ici quelques pieds rabougris d'*Agave americana*.
4	6 m.	Id.	689,39	12	888	. . . .	Source à 12°.
	12 m.	El Calar del Mundo, cerro Argel. .	630,26	18	1660	1657	Calcaire blanc compacte.
	5 s.	Mines de zinc de San-Juan (mine Saint-George), niveau de la rivière Mundo.	685,76	21	921	. . . .	Terrain crétacé en contact avec une dolomie probablement triasique riche en calamine. Entre Hellin et Socobos, à 15 kilomètres environ des mines, la rivière Mundo est à 481 mètres plus bas qu'à San-Juan. Cette petite rivière a donc une pente très considérable (environ 0,008 par mètre).
5	8 m.	Fabrique de San-Juan de Alcaraz, maison du directeur (1er étage).	684,61	14	963		
	11 m.	Cerro d'Almenara.	618,95	18	1800	1793	Dolomie probablement triasique, ciel pur.
	12 m.	Id.	618,75	18	1800		

	4 s.	Fabrique de San-Juan.	679,26	22	968	972	
6	6 m.	Id.	678,80	14	960	. . . .	Moyenne 966 mètres.
	8 s.	Segura de la Sierra.	668,48	15	1102	. . . .	Terrain jurassique recouvert à peu de distance par le terrain crétacé.
7	6 m.	Id.	668,40	14	1112		
	1 s.	Id.	668,29	19	1120	. . . .	Ciel pur.
	9 s.	Id.	669,29	16	1107		
8	5 m.	Id.	668,86	11	1119	. . . .	Moyenne 1112 mètres.
	6 1/2 m.	Pont du Rio-Trojala.	693,32	12	822	. . . .	Dolomie. La vallée où passe ce cours d'eau, située au pied sud de la ville de Segura, a donc près de 300 mètres de profondeur.
	10 et 11m	Sommet du Yelmo.	617,85	17	1817	1806	Calcaire blanc superposé à des grès et calcaires argileux qui sont de l'âge du grès vert supérieur.
	10 s.	Veas.	714,01	18	571	. . . .	Calcaire dolomitique du trias avec lambeau de tertiaire marin miocène.
9	6 m.	Id.	714,32	18	579		
	4 s.	Pont de Genave, ...	715,26	27	545	547	Granite; cet îlot est le dernier affleurement, connu vers l'est, des granites qui, à Linares et dans la Sierra-Morena, accompagnent le terrain silurien.
	7 s.	Genave.	692,98	22	824	. . . .	Grès rouge et calcaire du trias.
10	5 m.	Id.	693,77	17	833		
	7 1/2 m.	Rio-Guadarmena, entre Genave et Albaladejo.	709,46	21	642	. . . .	Extrémité orientale de la Sierra Morena. Schistes et quartzites du terrain silurien inférieur avec *Calymene Tristani*; visibles par suite d'une dénudation qui a enlevé les dépôts triasiques.
	2 s.	Albaladejo.	685,55	26	920	. . . .	Premier village de la Manche. Grès rouge triasique horizontal.
	5 s.	Plateau de la Manche entre Albaladejo et Montiel.	677,13	27	1013	. . . .	Calcaire carié et siliceux du trias, en couches horizontales.
11	4 1/2 m.	Montiel.	686,44	14	892	. . . .	Grès rouge du trias, en stratification horizontale.
	6 m.	Villahermosa.	681,95	16	948		
	10 m.	Laguna-Blanca.	687,52	23	874	881	Origine du Guadiana, source à 14°.
	3 s.	Venta de la Salina de Pinilla. . .	677,05	26,5	983		
12	5 m.	Id.	677,47	14	985	. . . .	Source d'eau douce 12 1/2°.
	9 m.	Villa-Nueva de la Fuente.	676,79	20	996	. . . .	Limite sud du plateau de la Manche, trias horizontal.
	3 s.	Rio Guadarmena (à 4 mètres au-dessus de la rivière).	691,73	20	782	. . . .	Cette rivière coule sur les schistes siluriens inférieurs, très redressés.
	8 s.	Alcaraz (premier étage de la Posada-Nueva).	678,19	20	962	. . . .	Le château est bâti sur des quartzites siluriens, en couches redressées; la plus grande partie de la ville est sur le trias en couches horizontales.
13	5 m.	Id.	679,24	11	960		

Mois et jours.	HEURES.	LIEUX D'OBSERVATION.	BAROMÈTRE réduit à zéro.	THERMOMÈTRE extérieur.	HAUTEUR au-dessus de la mer calculée par l'observatoire de Madrid.	HAUTEUR au-dessus de la mer calculée par une moyenne entre Madrid et Oran.	OBSERVATIONS.
Juin.			mm.		mètres.	mètres	
13	8 m.	Vianos.	664,67	13	1135	. . . .	Calcaire marin miocène, source à 11°.
	11 m.	Alcaraz.	680,13	18	960	. . . .	Moyenne 961 mètres.
	5 1/2 s.	Masegoso.	668,19	17	1112	. . . .	Calcaire grossier tertiaire; ciel pur, grand vent d'ouest.
14	5 m.	Id.	668,29	7	1103	. . . .	Moyenne 1107 mètres.
	6 m.	Peñarubia	. . .	. . .	1060	. . . .	Source à 12°. (669mm. B. anéroïde). Calcaire rouge du trias.
	10 1/2 m.	Morron de la Isabella.	648,45	15	1373	1368	
	7 s.	Peñas de San-Pedro.	675,92	16	998	. . . .	Terrain miocène marin.
15	5 m.	Id.	675,70	12,5	1001	. . . .	Moyenne 1000 mètres.
	1 1/2 s.	Château fort au sommet de la montagne	. . .	. . .	1080		
		Albacete, auberge de la Piedra. .	701,34	24	677	. . . .	Terrain miocène et alluvions. La moyenne de six observations nous donne 692 mètres, tandis que le calcul par notre baromètre, observé le même jour à Albacete et à Madrid, ne donne que 677 mètres.
16	5 m.	Id.	702,01	13	677		
	1 s.	Aranjuez, station du chemin de fer.	718,33	22	486	. . . .	Tertiaire lacustre et alluvions. D'après le tableau orographique publié par M. Subercase, la plate-forme du chemin de fer d'Aranjuez est à 473 mètres; le même auteur ne donne que 635 mètres à l'observatoire de Madrid, au lieu de 650 que nous lui attribuons. La différence entre le sol de l'observatoire et la station d'Aranjuez serait de 162 mètres dans un cas et de 164 dans l'autre. En adoptant qu'Albacete est à 677 mètres et Aranjuez à 486, il y aurait entre les deux villes 191 mètres de différence de niveau. Cette même différence, d'après les nivellements du chemin de fer, est de 186 mètres.
	3 1/2 s.	Madrid, à l'hôtel Péninsulaire (deuxième étage).	704	22	660	. . . .	Nous pensons que cet étage est à peu près à 10 mètres au-dessus du sol de l'observatoire.

PARIS. — IMPRIMERIE DE L. MARTINET, RUE MIGNON, 2.

www.ingramcontent.com/pod-product-compliance
Ingram Content Group UK Ltd.
Pitfield, Milton Keynes, MK11 3LW, UK
UKHW020435180726
13839UKWH00004B/1502